自 然 文 库
N a t u r e
S e r i e s

A Thousand-Mile Walk to the Gulf

千里走海湾

〔美〕约翰·缪尔 著

侯文蕙 译

商务印书馆
The Commercial Press
创于1897

2018年·北京

目录

译者序

约翰·缪尔的自传和他的自然观

逝世前，约翰·缪尔（John Muir，1838–1914）未能完成他要写出五卷本自传的计划。事实上，他在生前只写了一卷，即《我的童年和青年时代》（*The Story of My Boyhood and Youth*），且出版的时间很晚（1913 年）。但通常人们也把他另外的两部书看作自传，即 1911 年出版的《我在塞拉的第一个夏天》（*My First Summer in the Sierra*），以及 1916 年出版的《千里走海湾》（*A Thousand-Mile Walk to the Gulf*）。前者是他在 1869 年 6 月到 9 月的日记，出版前曾经过他加工整理；**后者**是在他死后两年，由其遗嘱执行人威廉·巴德将其在 1867 年 9 月至 1868 年元月的日记整理成书的，意在填补前两部书在叙事时间上的空白。而《我的童年和青年时代》，如果没有他的朋友爱德华·哈里曼（Edward Harriman，1848–1909）——著名的铁路大亨的直接干预，恐怕永远也不会问世。

1899 年，哈里曼曾组织过一次为期两个月的从西雅图到西伯利亚的航海旅行。哈里曼此行的目的是休假狩猎，但同时也想利用他的巨大的豪华游轮，进行一次科学考察，全部费用由他负责。他委托当时的国家农业部的经济鸟类和哺乳动物局局长邀请各类专家。考察团由 20 多名精心挑选的美国顶尖的科学家、作家和艺术家组成,除了哈里曼夫妇及其 5 个子女之外,随行的还有医生、护士、猎手、导游及各类服务人员,共 126 人;约翰·缪尔也在其中。

早在 19 世纪 70 年代中期,缪尔就已是蜚声两岸的植物学家和地质学家及国内多个重要报刊的撰稿人了。但在 1880 年婚后,缪尔曾中断写作,变成了一个成功的果园经营者。1889 年,已过天命之年的缪尔果断地缩小了经营,重新出山,决心为保护荒野而献身。缪尔的复出,正好迎合了 19 世纪末美国资源保护运动的浪潮,他的自然保护主义思想赢得了广泛热烈的响应。在著名杂志《世纪》月刊编辑罗伯特·安德尔伍德·约翰逊的协助下,缪尔成功地将自己推入了社会。他撰写文章,出书,游说,积极呼吁和推动着国家公园和森林保护区的建立和立法。此前,他已有过两次阿拉斯加的旅行,就在接到哈里曼的邀请之前不久,还刚在《世纪》月刊上发表了两篇关于阿拉斯加的文章。起初,缪尔对这个邀请有点不以为然,因为他不能肯定哈里曼及其他科学家是否是最好的旅伴。但最终,禁不住阿拉斯加的诱惑,还是接受了邀请。事实是,在哈里曼的豪华游轮上度过的两个月中,缪尔不仅与众多科学家相处甚洽,甚至还赢得了哈里曼的孩子们的欢心,并与哈里曼本人也成了朋友。

有趣的是,缪尔与哈里曼的友谊竟是从缪尔对哈里曼的揶揄开始的。按照缪尔的自然观,一切动物都有和人一样的生存权利,因此,对哈里曼的狩猎极度不满。在旅行中,当哈里曼成功地猎取到一头母熊和一头幼熊时,缪尔惊骇极了,他甚至要哈里曼的孩子们发誓,他们自己将永远不会去射杀任何别的生命。有一天晚上，船上的科学家们聚在一起，同声赞美主人的慷慨乐施。就在他们高声感谢富裕的主人对科学事业的支持的时候，缪尔插进话来。他说："我觉得哈里曼并不很富有。他的钱没有我多。我拥有我希望的一切，他却没有。"有人把这话传到了哈里曼耳中。晚饭后，哈里曼坐到了缪尔旁边，诚恳地说："我从来不在乎钱，除了把它当作工作的实力。我最欣赏的是创造的力量，和大自然一起去做好事，有助于为人和野兽提供食品，并让每个人和每个事物变得更美好一点，更愉快一些。"哈里曼的真诚挫败了缪尔的锐气，同时也让他对这个富人有了新的认识。用唐纳德·沃斯特——约翰·缪尔的最新传记的作者——的话说，这位企业家并未接受贪婪应当受到节制的概念，但是"他为资本主义设置了一个道德目标——促进自然和人类的福祉"[《情寄自然：约翰·缪尔的生平》(*A Passion for Nature: The Life of John Muir*)，牛津出版社，2008]。

毋庸说，无论在自然观或财富观的价值取向上，哈里曼和缪尔之间的差异都是显而易见的。但是，缪尔从哈里曼的话中感到了一种追求。在哈里曼看来，他的不断扩大的铁路网就是对人类实现美好世界追求的协助；而钱，只是他实现追求的工具。他为这种追求所怀有的热情和执着，感动了缪尔。热爱自然的缪尔从来不否认技术和进步的意义，他只是希望，人们在用技术取得进步时，不要忽略自然的美。他希望在这一点上——或者他确实也这样认为，哈里曼能和他取得一致。因此，尽管他既不认同那种血腥的狩猎，也不把对财富的追求看作终生的目标，却能在以后的十年中，一直和哈里曼保持着真诚的友谊，直至后者去世。

缪尔的这种和而不同的交友态度，使他广泛结识和联合了政界、商界、科学、文学、艺术等各领域精英，博得了普遍的信任和尊重。他的自然保护主义思想，通过他的生动流畅的文字和坚持不懈的院内外活动，不仅在社会上引起了热烈反响，而且影响到国家政府有关自然保护的立法和实施。甚至总统西奥多·罗斯福（Theodore Roosevelt, 1858–1919）也和他有着良好的私人关系。罗斯福曾在 1903 年来到西部，并和缪尔一起在约塞米特山区度过了四天。他们一起骑马，步行，在积雪四英寸的野外露营，夜里在与飘舞着的雪花交相辉映的篝火旁畅谈……；当然，缪尔也曾直言罗斯福，为什么不能放弃他的狩猎喜好？这次旅行之后，罗斯福曾对人说，约翰·缪尔的谈话比他写的还要好，"他总是能对和他有过私人接触的人产生巨大的影响"。离开山区的第二天，罗斯福便决定将塞拉保护区向北延伸至沙斯达山。

　　缪尔声名迭起。在 19 世纪 90 年代和 20 世纪初，他不仅是来自各界的读者所欢迎的作家，而且也是国内众多"绿色"人物所拥戴的领袖。热情的读者和朋友们渴望了解缪尔盛名背后的故事——他的成长历程，他在洞察世界中的经验和教训，因此特别希望他能在有生之年用回忆录的形式把这些记录下来。在众人的呼声下，缪尔晚年也曾有过撰写自传的计划，但是并不积极。他认为，自己的生活一直是"顺利、正常和合乎理性的"，没有任何"辉煌的令人兴奋的惊险"，因此不值得去大书特书。

　　1908 年 4 月 21 日，缪尔在孤独中度过了他的 70 岁生日。那位理解他，并无条件支持他的事业的妻子，已在三年前抛他而去；两个女儿亦都出嫁，有了各自的生活。尽管已是春天，几个月来被咳嗽、发烧所困扰着的缪尔似乎还被笼罩在寒冷多雨的冬天的阴影之下。第二天，他给远在亚利桑那的那个他最钟爱的粗心的小女儿写信，悲哀地将自己比作一个被抛弃在自己住所的"高龄老小孩"，字里行间流露着令人心酸的寂寞和无奈。缪尔的很多朋友都很担忧，甚至担心他再也写不出书来了。他们也愿意提供帮助，但由于多种原因，皆缺乏实效。

同年夏天，爱德华·哈里曼向缪尔发出了邀请——请他到自己在加利福尼亚和俄勒冈交界的一个湖边别墅度假。名曰度假，实际是哈里曼要在他的这个僻静简朴的二层圆木房里督促缪尔写作。哈里曼派了一个男秘书跟着缪尔，随时记录缪尔的谈话；缪尔则沉浸在对早年生活的回忆之中。雷厉风行的哈里曼不允许任何借口的停歇，他希望通过这种方式让缪尔尽快出书。三周后，缪尔回到家里，开始陆续收到来自那位秘书的笔录和有关资料。遗憾的是，这只是一些散乱无序的原材料，要真正成书，还需大量的工作。1913 年，缪尔在哈里曼的湖滨别墅的回忆，终于以《我的童年和青年时代》为题出版了。但是，哈里曼已在 1909 年逝世，未能看到这部书。这位企业巨头，曾经想促使缪尔以他建造铁路的速度来写作，未能成功。但是，没有他，没有其他朋友对自己所倾注的真诚和友谊，缪尔恐怕永远都不能从那种低沉抑郁的情绪中摆脱出来，并在其生命的最后几年中，仍然笔耕不辍。1914 年逝世前，缪尔仍在病中坚持工作，每日自清晨 7 点，直到夜里 10 点；临终时，床边还放着《阿拉斯加旅行记》的手稿。

《我的童年和青年时代》一出，即以其独特的题材和风格，在社会上引起了极大反响。美国钢铁大王安德鲁·卡内基（Andrew Carnaegie，1835–1919），同样是来自苏格兰的移民的儿子，和许多读者一样，成了缪尔的追捧者，还特别向缪尔赠予了自己的传记——一个从学徒到大亨的故事。显然，缪尔自强不息的精神在他的这位苏格兰老乡那里获得了共鸣：他们都来自社会底层，都有过艰苦的童年和青年时代，都是通过自我奋斗而出人头地。缪尔的故事成了许多移民子女奋发图强，追求美国梦想的榜样。但是，缪尔的自传所传递的信息远不止这些。

和卡内基的传记不同，缪尔在书中讲述的不是对财富的追求，也不是在财富积累过程中如何捕捉机会的经验，而是与自然的和谐相处；和一般的传记也有不同，出现在他书中的角色，更多的是动物，而不是人物。书的一开头就说："当我还是苏格兰的一个小男孩时，就喜爱所有野生的东西……"在书中，我们可以看到，他曾如何和小伙伴们一同在苏格兰的海边寻找鸟巢，观察各种鸟蛋的颜色，聆听空中云雀的歌声；如何在广袤的威斯康星荒野中奔跑，为那些看得见或看不见的生命欢腾呼叫。松鸡、蓝鸟、啄木鸟、山雀、知更鸟……，它们的羽毛颜色，嗷嗷待哺的雏鸟的姿态……，都深深地留在缪尔的记忆中。那些在农场四周森林中出没的麝鼠、浣熊、獾子、鹿，甚至黑熊，使缪尔惊叹不已："啊! 壮丽的威斯康星荒野!"

空旷的原野赋予了他广阔无垠的想象的空间。缪尔深深地感到，和学校的教育不同，"荒野教给我们的每一课都是爱的课，不用鞭笞就深入我们的心田。"从大自然当中所获得的丝丝暖意，使缪尔能够怀着温情去关注他周围的生命，除了野生的动物，那些驯养的牲畜，还有那些与缪尔日日相随感情至深的伙伴。在书中，他曾详细地描述过他家的牛、马和狗。在写到他家的一匹驮马诺波时，他说："它是我所知道的最忠诚、最聪明、最喜嬉戏、最通人性的马。"并认为，"男孩子们在农场生活的最大优越性之一，就是能了解那些与人相伴的动物，知道去尊重它们，爱它们，甚至赢得它们的某种爱。这样一来，神圣的同情心才能得到成长和光大，并且远远超越了那些在教堂和学校的教导。"缪尔这样深情地回忆他周围的那些动物的故事，是要告诉读者，在我们的生活中，不仅有人和人之间的关系，而且还包括与其他生物之间的关系。

不过，我们一定不要忽略，尽管随着年龄和知识的增长，缪尔对各种动物的同情心也越来越强烈，但是，青年时代的缪尔，并不具备他在成年后所坚守的一切生物都享有和人同等的权利的思想——就像他反对罗斯福、哈里曼的打猎那样；他和其他美国人一样热衷于狩猎这种户外活动。在自传中，缪尔专门有一章是讲他在农场时打猎的经历的。但是，就在他不无骄傲地说起他高超的枪法和几个离奇的打猎故事的中间，我们发现，他突然插入了一段文字："当尊严的人变得真正富有人性，知道将他们的动物伙伴置入心中，而不是放在背上作衣裳，或摆上餐桌当食物的时候，一个更美好的时代肯定就临近了。同时，我们也可能学会用一种清白纯真的生活去取代那种令人作呕的血腥的行为方式。"这是晚年的缪尔对其早年行为的忏悔吗？我们不能肯定。但是，无论如何，缪尔并不否认自己在年少时的无知。

书中给我们展现了一个年轻开朗、热爱大自然的缪尔，勤劳而善良，活泼而顽皮，有时甚至还有男孩子常有的恶作剧。我们会理所当然地认为，在壮丽的威斯康星荒野中，缪尔的生活也应当充满着阳光。很难想象，缪尔竟然是在暴力的阴影下度过他的青少年时代的。他有一个严厉而专制的父亲。缪尔在自传里为数不多的人物中多次提到他——一个狂热的加尔文教派信徒，不仅用基督的训谕，同时也按苏格兰的传统，用皮鞭管教着他的儿子。在农场劳动的十年当中，从父亲那里，缪尔从未听到过一句赞美或鼓励的话；在他生病或受伤时，也从未得到过任何安慰或让他休息的允诺；相反，他往往会因为一个小小的过失而受到严厉的惩罚，鞭打是家常便饭，缪尔对此不无怨恨。最让他寒心的是，当他22岁，最终要离家去闯世界时，他曾请求父亲在他需要时给他寄点儿钱，他得到的回答却是："不，一切都靠你自己。"

缪尔怀揣着离开苏格兰时祖父赠送的一枚金币和自己开荒种地换得的几个美元上路了。他挣脱了专制的父亲的控制，获得了人身的自由。但是，去哪里？做什么？缪尔并不明确。1860年，缪尔进入了威斯康星大学，在麦迪逊度过了四年。实际上，除去他回家和打工挣学费的时间，他只上了两年半大学。关于这个时期的生活，书中不尽其详。我们只知道，他在大学选修了几门自己最感兴趣的课程，其中就有令他无限欣喜的植物学；同时，他也热衷于发明。他渴求更多的知识，却仍不能确定自己要从事的职业。1864年，他离开了美丽的校园。这一年，缪尔26岁。至此，《我的童年和青年时代》结束了。

为什么要离开大学？缪尔从未解释。三年之后，"1867年9月1日，我终于迈开了双脚，开始了前往墨西哥湾的一千英里徒步旅行（从印第安纳波利斯出发），自由而且愉快。""我的计划是沿着我能发现的最荒无人烟的、树木最茂盛的和最少人迹的路线一直往南走，有望走到最大规模的原始森林。"29岁的约翰·缪尔在日记中如是说。这部记录了他前往墨西哥湾旅行的日记，即是后来整理成书的《千里走海湾》。

这时的缪尔，已经不是当年那个穿着家织布衣服在麦迪逊博览会的人流中茫然无措的乡下小伙子了。如果说，七年前的离家出走，只是一种人身的解脱，那么，现在，七年后，生活的磨炼和知识的积淀，又使他摆脱了精神上的束缚。很长时期以来，缪尔一直在职业上摇摆不定。他热爱自然，尤其对植物感兴趣，但是他也爱发明。他在机械上的天才让很多人相信，如果他坚持，就很可能让自己像他的苏格兰老乡瓦特——蒸汽机的发明者一样出名，像卡内基一样富有。稳定的收入，温暖的家庭，似乎是衡量一个人成功的标准。这一切都吸引着缪尔。但是，一场意外的工厂事故让缪尔终止了摇摆：他几乎变成了盲人，这让他在黑暗中度过了四周时间。黑暗中的思索让他明白，生命是短暂的，任何事情都可能发生。因此，视力一恢复，他便做出决定，要用自己有限的生命去探索大自然，要从"大量的野草的朴实的心中"探知生命的奥秘。他在给一个朋友的信中写道："上帝有时为了给我们教训几乎会杀了我们。"他不再犹豫，他要珍惜有限的生命，珍惜那些可能会失去的东西。缪尔愉快地出发了，背着一个只装了一套换洗内衣和几本书的行囊，及一个自制的标本夹。他知道，前面会有不测，会有艰险——这些，事实上，在以后的路途中都发生了。但是，没有什么能够阻挡缪尔。

缪尔打算一直走到亚马孙河的源头，然后沿着著名的德国科学家亚历山大·冯·洪堡（1769–1859）的足迹，探索热带雨林，进行他的植物学研究。在书中，缪尔描述了沿途的景观以及内战后乡村的破败景象，几次路遇强人化险为夷的经历，以及与不同人种、不同性别及不同职业的人的相识与相别；但最令人瞩目的、印象最深的，是他对形形色色的植物与动物的观察和心得。

缪尔是在浓重的宗教氛围中成长起来的。传统的苏格兰小学教育和父亲的皮鞭使得缪尔在11岁时便能将大部分《旧约》和全部《新约》背诵下来，每周日的教堂礼拜和主日学校也从不可缺。但是，随着年龄的增长，阅读面的扩大，尤其是和大自然的接触，早已使缪尔对基督教的哲学和信条产生了疑问。他不再相信那些教堂的说教，而把自然看作最好的课堂。他不再去教堂礼拜，也不去听那些牧师的布道。尽管他仍保持着阅读圣经的习惯，但却在很大程度上将它当作和莎士比亚一样的文学作品来读。在旅途中，在荒野里，他接触到的许多除人之外的各种形式的生命，使他对人和自然的关系有了新的认识。

缪尔不时碰到鳄鱼，他说："很多善良的人认为，鳄鱼是由魔鬼制造的，从而便说明了它们的所有吃肉的嗜好以及丑陋不堪。但是，毋庸置疑，这些动物是快乐的，并且满足于伟大的造物主划分给它们的地方。在我们看来，它们是凶猛和残暴的，但在上帝的眼里，它们是美的。它们也是他的孩子，他听到它们的喊声，温柔地呵护它们，并为它们提供日常的食品。"他惭愧地说："在我们的同情心上，我们是多么狭隘的自私自负的生物！全然不见所有其他生物的权利！我们以一种怎样阴郁的鄙视态度谈论我们必死的同类！尽管鳄鱼、蛇等很自然地令我们憎恶，它们却不是神秘的恶魔。它们快乐地居住在这些鲜花怒放的野外，是上帝大家庭里的成员，是未堕落、未败坏的，它们享有的呵护和怜爱，是和恩赐给天国的天使们和地上的圣人们一样无区别的。"在上帝面前，所有的生物都是平等的，就和所有的人都是平等的一样。

旅途中，缪尔见到过无数生疏的和熟悉的动植物，有美的，也有丑的，有对人有用的，也有无用的，甚至是有害的；但是，它们都并非是因为人的存在而存在的。人发现了它们的美，但它们并非因人的发现而美。他曾被一棵由几株玉兰所围绕着的孤单的棕榈所感动："听人们说，植物是容易枯萎的没有灵魂的东西，只有人才是不朽的，等等；但是，我想，这却是我们几乎一无所知的某种事物。无论如何，这株棕榈是不可言状的难以忘怀，它告诉我的，比我以往从牧师那里得知的更重要。"他说："这种植物有一个普通的灰色树干，圆得像一个扫帚把，有一个由张裂开来的叶子装饰的树冠。这是一种比最谦恭的威斯康星橡树还要普通的植物，然而，不论是在风的摇动和侵蚀中，或在阳光的泰然关切和呵护下，它所表达的都是一种我整个步行中至今所见的任何高级或低级的植物都不可超越的力量。"

正是这种"不可超越的力量"，颠覆了缪尔从幼年起就坚信的"世界是特别为人创造的"宗教信条。他说："这是一个没有任何证据的假设。"因此，缪尔得以宣称："没有人，宇宙将是不完整的；但是，没有了那些居住在我们自负的眼睛之外的最小的超级微生物，世界也是不完整的。"这是缪尔自然观——生物中心论的开端。在这种信念下，大自然才是上帝的圣殿，是人们应当顶礼膜拜的所在；而圣经，也只有和大自然联系起来，才能真正触摸到上帝的脉搏，阅读到它的真谛。就此而言，这次旅行实际上已成为他整个精神生活的转捩点，也是影响了他日后四十多年生活的自然观形成的起点。怀着这样的信念，1868 年春天，缪尔走进了深山。

缪尔没能完成他去亚马孙雨林的夙愿——在佛罗里达，他得了严重的伤寒。持续不断的发烧和虚弱迫使他放弃了南美的旅行，改道去了加利福尼亚。他来到内华达山，并在那里一住就是六年。为了谋生，他做过牧羊人、听差……，同时又进行当地的植物学和地质学研究。他的足迹遍及内华达山，他的带有神秘色彩的生物中心论的自然观也得到了进一步升华和完善。《我在塞拉的第一个夏天》是他在 1869 年 6 月到 9 月在山里生活的记录，是他在内华达山中六年生活的缩影。在书中，缪尔以他一贯的细腻生动的风格，描述了自己的所闻所见。在那里，有撼人心扉的高山峻岭，也有令人心旷神怡的平川草地；有和煦温暖的阳光，也有沁人肺腑的晶莹的雨露；有苍劲翠绿的森林，也有多彩多姿的鲜花青苔……。在缪尔眼里，一切都是那样和谐自在，甚至倾盆的暴雨带来的也只是翌日的明媚和清澈。在山里，最危险的动物大概就是熊，但是，一个重约 500 英磅的粗毛家伙，在缪尔的笔下也成了一个"从容而不无庄严的""熊先生"，并无意去伤害他。缪尔陶醉在山景中，欢快而兴奋。他向往着挣到足够的钱，可以任他背着背包在高山峻岭中穿行。缪尔怀着满腔的激情度过他在山中的每一天。他愿意永远留在山里。

缪尔早年的生活常让我联想起中国古人的两句诗："少无适俗韵，性本爱丘山"。确实，他是诗意的，但是，他又是理性的。他不是离群索居的隐士。在山中，他像常人一样，会有愁思，甚至哀伤。一朵朴素的野花，一只小鸟的歌唱，都可能勾起他的思乡之情，绵绵柔肠。他经常给母亲和朋友们写信，告诉他们在山上的各种事情。他说，"越是在荒僻之地，越不感到孤寂，朋友也越亲近。"当然，他终究要离开山区，但是他还会回去。无论在哪里，他的心都向自然。"到山里去就是回家去。"他说。但同时，大山似乎已在他心中孕育着一种更高的情怀："我生活的唯一希望，就是如何诱导人们去认识大自然的美。"这是后来他给吉妮·卡尔——他的精神导师和挚友信中的话。为此，约翰·缪尔献出了他最后的 25 年。

*   *   *

一本七八万字的小书，竟然用了三年时间才得交稿，惭愧不已。但无论怎样，在益近耄耋之年，能译出一本我喜欢的作家的书，也算幸事。感谢我的女儿侯深，在她家事公事一肩挑的重负下，在其自身教学研究的空间，来为我校对译稿；感谢唐纳德·沃斯特（Donald Worster）教授不厌其烦和一如既往地为我解答了疑问中的疑难。同时，还要特别感谢我的年轻的朋友尹文博，在这期间——实际上是一向，为我提供了种种方便和帮助。

我的编辑孟锴女士，以她真诚的耐心与合作支持了这本书的翻译和出版，在此一并致谢。

侯文蕙

2016 年 5 月 3 日

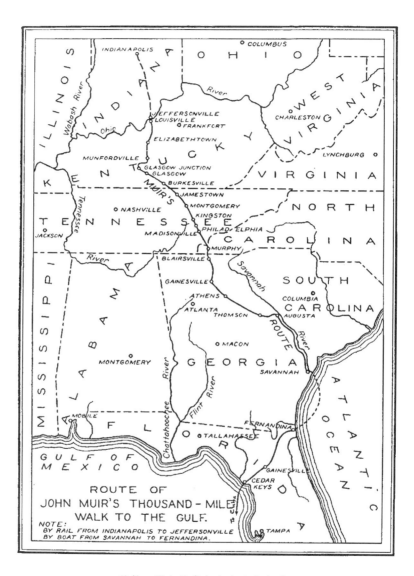

约翰·缪尔徒步走海湾的路线图

1. 肯塔基的森林和洞穴

很久以来，我一直都在美国北方的野树林和花园里遥望着南方，向往着那些温暖的地方。现在，所有的障碍都被克服了。1867年9月1日，我终于迈开双脚，开始了前往墨西哥湾的一千英里徒步旅行（从印第安纳波利斯出发），自由而且愉快（到俄亥俄河边杰斐逊维尔的那段路，是乘火车的）。过了俄亥俄河，在路易斯维尔（9月2日），我在罗盘的指引下穿过了这个巨大的城市，没和任何人说一句话。在城外，我发现了一条通向南方的道路。走过了散落在郊区的木屋和别墅，来到一个绿色的树林，我展开了我的袖珍地图，粗略地制订了一个旅行计划。

我的计划是沿着我能发现的最荒无人烟、树木最茂盛和最少人迹的路线一直往南走，有望走到最大规模的原始森林。我叠起了地图，背上我小小的行囊和植物标本夹，大步行走在古老的肯塔基橡树丛里，欣喜地沉浸在松树、椰树和披着华丽盛装的热带花卉的美景之中。但是，没有一丝阴凉，尽管巨大的橡树似乎伸展着它们的臂膀在欢迎你。

我曾见过在多种光照和土壤中的很多品种的橡树，但肯塔基的这些树在气势上是我所见的任何树都比不上的。它们宽阔、浓密、翠绿明亮。在它们长长的树枝形成的茂密树荫和洞窟下，是壮丽的林荫通道，每棵树似乎都享有双倍的强健欢快的生命。走了二十英里，大多时候在河床上，而后在一个摇摇欲坠的客栈中找到了住处。

9月3日　我从阁楼上那个满是灰尘的肮脏卧室里逃到了光彩照人的森林中。在这一带，我尝到的所有溪水都是咸的，井水也一样。盐河几乎干涸了。这个上午的大部分路程都是在裸露的石灰岩上面。穿过了从这条河延伸出去的25-30英里的地面，我来到了一个叫作肯塔基圆丘的丘陵区——一些光秃秃的山丘，到山顶上才有树覆盖。一些山上有几棵松树。我顺着农场主的小径走了几小时，但很快即远离了道路，并且碰到了很多难以通过的蔓生植物。

午时，我从一丛巨大的向日葵中走出来，发现自己站在一条湍急的多石的溪流（劳令河）边上。在我的野外路线上，我不曾期待找到桥梁；但就在我开始要趟水过河时，对面河岸上的一个黑人妇女恳切地招呼我等一下，等她叫"家里的男人"带给我一匹马——河水太深，太急，不能趟水，如果我企图涉过河，我"肯听（肯定，缪尔模拟黑人口音，将 certain 写作 sartain——译者注）会淹死的"。我回答说，我的行囊和植物夹会帮助我保持平衡；而且河水看起来也不深，如果我被河水卷走了，我是个很好的游泳家，会很快让阳光把我晒干的。但这谨慎的老人回应道，还不曾有人趟水过河的，骑马过来吧，并且说一点也不麻烦。

几分钟后，一匹渡马穿过了蔓藤和杂草，小心地走下了河岸。它修长健壮的四条腿证明它是一个天生的涉水者。它是白色的，一个小黑男孩骑着它，像是趴在它背上的一只虫子。经过摇摇晃晃的颠簸之后，"海外"航行终于安全起锚了，我坐在小黑孩的身后。他的样子很古怪，肥胖而且漆黑，像个印度橡皮玩偶，头发像麦丽诺羊毛一样梳了几部分。那匹老马，因为这一黑一白的两个人而负载过重，用它的长腿磕磕绊绊地蹒跚而行，完全有可能摔倒。不过所有落水的迹象都没有出现，我们安全地来到崎岖不平的河岸的杂草和蔓藤中间。话说回来，洗个盐水澡也没坏处。我可以游泳，而那个小非洲人似乎能像一只气囊一样漂浮起来。

按照我的摆渡人的指示，我找到了"须付费"的提供水的人家。这个老肯塔基家园的所有事物都证明是富足、朴实无华和深不可测的。但是，和这个地区所有我尝到的水一样，也是咸得不可忍受。房子是真正南方式的，通风，宽大，带有一个横向的像铁路隧道一样的中央大厅，以及粗重的户外烟囱。黑人的住所和其他建筑在数量上亦足以成为一个村庄，它们被果园、玉米田和绿色树木覆盖的群山环抱着，在一起呈现着一个有趣的、真正的老肯塔基家园。

从一帮帮将高大的橡树砍伐下来运往市场的伐木者旁走过。水果非常丰富。整个下午都置身在鲜花烂漫的山景之中。从伊丽莎白城向南走，直到累得躺了下来——估计是在一个矮树丛里。

9月4日　当金色的阳光照耀在山顶时，我被鸟的音乐闹钟唤醒了，这些鸟就住在我闯入的榛树丛里。它们激愤地飞近我的头部，好像在斥责或生气地质问着什么。就在这时，几株我不认识的美丽植物，完全展露在我面前。第一次在睡觉时的植物学发现！这是最绝妙的露营地之一，虽然是在黑暗中搜索来的。我在它周围转悠着，欣赏着它的树木、光线和音乐。

在森林里走了 10 英里。碰到一种陌生的长着柳树一样叶子的橡树。进入了一片被称为"贫瘠之地"的黑橡树的连绵不断的沙地。很多树有 60-70 英尺高，据说自 40 年前的火灾被控制以来，一直在生长。这一带的农场主们是一些高大、强壮和愉快的家伙，喜爱枪支和马匹。很喜欢和他们友好地聊天。天黑时来到一个村庄，似乎已是那连绵不断的沙地的尽头。被一个特别热心的黑人领到一个"客栈"。"一点也不麻烦。"他说。

肯塔基橡树

千里走海湾

9月5日　今天早晨，在我周围既没有鸟，也没有花，没有友好的树木；只有肮脏的阁楼垃圾和灰尘。我逃入了树林，来到了洞穴区。在我发现的第一个洞穴的入口，我惊讶地发现了属于威斯康星和和北方最冷的偏远地区的蕨类。不过，很快我就观察到，每个洞窟的边缘都有一个其自身特有的气候带，而且总是很冷的。这个洞穴有一个直径约10英尺的洞口，垂直深度有25英尺。从洞中吹来一股很强的冷风，我能听到水流的声音。一根长竿靠在它的壁上，好像曾打算当梯子用；不过它的有些地方很滑，像桅杆一样光滑，这对猴子攀登的本领会是一种考验。这个天然保留地的四壁和边缘被水冲刷得很光滑，布满鲜花。矮树丛的浓密的叶子斜倚在它上面，在其坡地和崖路上是成行成片的美丽的蕨类和苔藓。我在这儿逗留了好长时间，心情极佳；我压制标本，同时努力把这种美铭刻在记忆中。

约在中午时分，到达了芒福德威尔，并很快就被芒福德先生本人——这个村子的开拓者和奠基者——发现了。他是一个土地测绘者——他掌控着这个区域的所有办公室，每个道路和土地的探寻者都向他申请资料。他把所有的村民都看作他的孩子，所有进入这个村子的陌生人都是他自己的客人。当然，他也询问了我在做的事情、动机等，并邀请我到他家去。

用"小鲑鱼"给我当点心之后，他得意地将一些石块、植物等放了一桌子，这些东西，不论新旧，都是他在步行测绘时搜集来的，看来对科学很感兴趣。他告诉我，所有搞科学的人都来问他索取资料，因为我是个植物学者，而他又拥有，或应当拥有我正在探求的知识，所以给我上了很长一堂有关植物的根和治疗所有致命疾病的草药的课程。谢过了我好心的施主，我遁入田野，循着一条沿巨大山崖脚下而修的铁路向前走去。傍晚时，我找到的所有住处似乎都让我厌恶，而我又不能鼓足勇气去请求他们中的任何人给予款待。我在一间坐落于山边高大橡树之下的校舍里找到了避难所，在看似最柔软的长凳上睡着了。

9月6日　这一天是在最早的鸟鸣中开始的，希望在入夜前看到巨大的麦默思洞穴。赶上了一位驱赶着一队公牛的老黑人。和他一起骑牛走了几英里，并同他作了很有意思的聊天，诸如战争、树林里的野果等。"就在这儿，"他说，"南方兵在这儿坏路，一下子，他们想着看到了北佬，就在那个山头，老天爷，他们溜得快啊。"我问他是否愿意重温这种令人悲伤的战争时刻时，他那富于表情的脸突然平静下来，他极其严肃地说："啊，上帝，不要再有战争了，上帝啊，不要。"肯塔基的这些黑人中，很多都是非常精明且有天分的；当他们因为一个使他们感兴趣的话题激动起来时，他们变得口才便给，滔滔不绝。

到了霍斯洞，离那个大洞约10英里。到洞口要经过一条平坦的几百码的长坡。它似乎像是直达这个泉眼和喷泉及黑色矿物宝藏的源头的通道。这个洞穴在一个村子里（和洞的名字一样），供应着由其蕨类植被的边缘所产生的充裕冷水和凉爽空气。在天热的时候，在守护着它的树荫下，成群的村民们围坐在它周围。这个巨大的风扇有能力让这个村镇的所有人都凉快下来。

那些住在高山峻岭附近的人可以爬上山去享受一两天的清凉，而热得受不了的肯塔基人可以在本州的几乎任何一个峡谷中发现凉爽的天气。陪伴我的那个村民说，霍斯洞从未被充分探索过，不过它至少有几英里深呢。他告诉我，他从未到过麦默思洞——不值得跑10英里去看它，因为那不过是地上的一个洞罢了。我发现，他并不是唯一有如此想法的人。他是那种很能干很实际的人，他太聪明，因此不会把宝贵的时间浪费在野草、洞穴、化石或任何他不能吃的东西上。

到了巨大的麦默思洞。我惊讶地发现，它竟然处于一种完全天然的状态。一个带有漂亮的步行道和花园的大酒店就在附近。但幸运的是，这个洞穴并未受到改造，而且如果不是因为有一条很窄的小道通往峡谷直达它的门口，人们就不会发现有人到过那里。有一些房舍和厅堂的入口完全无法显示内部的堂皇。这个位于肯塔基矿区的宏丽厅堂也同样有一个相对较小、缺少吸引力的入口。人们可能会在离它几码远的地方经过，却并未注意到它的存在。从它里面不断吹出一股强劲的冷风，为点缀它前方石头的蕨类提供了北方的气候。

我以前从未见过自然的恢宏与拙劣的人工花园之间有那样迥然的差异。这个时尚的酒店地面是标准的客厅风格，很多美丽的植物被培植成畸形，并被安放在几何形的花床里，这件完整的漂亮作品与神圣的美相比是一种劳作上的失败。洞穴周围的树木高大而光滑，下弯到最低处时又向上伸去。只有一种树——从其交叉多节的树枝来看，好像是白胡桃——与长势茂盛的蕨类和苔藓一样，是与这个洞穴极其相宜的一部分。

从格拉斯哥岔口出发。天色很晚时仍在山林之中。向一个农家问路，主人以一种少见的热情好客的方式邀请我在他家过夜。在一起进行了一连串熟悉的有关政治、战争和神学的谈话。这位老肯塔基人似乎很喜欢我，劝我待在这个山区，直到来年春天。他保证我能在大洞穴及其周围发现很多让我感兴趣的东西。他还是学校的管理者之一，因此肯

麦默思洞入口

千里走海湾

定我能在冬季学期里获得他们学校的教职。我真诚地感谢他好心的设计，但我还是坚持自己的计划。

9月7日　离开了好客的肯塔基人，带着他们衷心的祝福，再次穿过浓密的绿色树林，向南进发。整天都在宏伟的森林里。第一次见到槲寄生。这一天的部分时间是和一个来自博克维尔的肯塔基人同行。他和路上碰到的所有的黑人谈话，亲切地打招呼，总是称他们"大叔"和"大婶"。所有在路上遇到的旅行者们，不论是白人或黑人，男性或女性，全都骑着马。格拉斯哥是展示普通美国人生活的几个南方城市之一。夜里和一个富裕的农场主在一起。

9月8日　起伏的连绵不断的山头，恰似一片幽深翠绿的澎湃汹涌的海洋。玉米、棉花和烟草的田野散落在其间。我曾经想象过一片棉田正在开花时的某种不凡的景象。而实际上，棉花是一种普通粗糙的、蔓生的、外貌令人不悦的植物，还没一片爱尔兰土豆田的一半美。

遇到大批去聚会的黑人，全都穿着星期日的服装。他们体形肥胖，面容愉悦，而且心满意足。接近坎伯兰河的景色依然是颇为壮观的。被一片连绵不断的青山环绕着的博克斯维尔的位置很美。坎伯兰河一定是一条欢快的河流。我甚至愿意终生在这样的美色中与它一起享受旅行的乐趣。这个晚上我发现没人愿意让我进屋过夜，于是我躺到一个山边，在赞美着肯塔基令人愉悦的绚丽的美的低语中沉入了梦乡。

9月9日　在这个最受青睐的鸟语花香的地方的另一天。很多湍急的溪水流淌在边缘上布满鲜花的美丽峡谷当中，四周是浓密的树林。我坐在一个巨大的背靠着像图画一样的天空的山坡上。在宽阔的起伏不定的绿色树林中，点缀着秋季的黄色，整个氛围也是破晓时秋季的色彩和声音。清晨柔和的光线落在茂密的橡树、榆树及核桃树、胡桃木的树林中，整个大自然都沉浸在深思和宁静中。肯塔基是我曾见过的最绿的森林州。在这儿，有最深的、柔和适度的绿色植物海洋。

如果把不同地区的植物的绿色比作一个楔形，那大头就会是肯塔基的森林，另一头则是北方的地衣和苔藓。这个绿色楔形图在排列上并不完美。从肯塔基开始，经过印第安纳和加拿大平整的森林，它一直长久而完好地保持着它的厚度。从加拿大的枫树和松树开始，它将迅速滑到荒凉的由矮小的桦树和桤木所覆盖的北极山丘；从那里它将薄下来，在耐寒的地衣、地钱和苔藓中形成一个很长的尖端，直到永久的冰冻带。肯塔基的所有植物中最巨大的是它的卓绝的橡树。它们是其充满活力的森林的主宰。这儿是伊甸园，是橡树的天堂。经过肯塔基边界时已进入夜间，从一个节俭的田纳西农场主那里得到了食物和住处，在这之前，他已经强调了所有谨慎舒适的家庭通常都不好客的观点。

9月10日 摆脱了一堆不热忱的善意，来到了森林博大的怀抱。经过几英里长着茂密纠结、幽暗的蔓藤的平地之后，我开始了坎伯兰山的攀登。这是我双脚踏上和目睹的第一座真正的山。攀登是在一条近乎锯齿般的曲曲折折山坡上进行的，山坡的大部分都被枝叶舒展的橡树所覆盖，就像是一条严密的隧道。不过也有几处缺口，肯塔基壮观的森林道路在那里显赫地呈现在眼前，它从山丘和谷地中伸展出去，通过大自然的手适应着每个山坡和弯道，映入我眼中的永远是一幅最恢宏和最难忘的画面。在六七小时内到达了顶峰，对于一个仅仅习惯于威斯康星及其相连的州的小山丘的人来说，是一次很不寻常的漫长的攀登阶段。

2. 翻越坎伯兰山

在我往山上爬的时候，没多久就碰到了一个骑马的年轻人。他很快显示出他有抢劫我的打算，如果他发现这活儿值得一干。他问我从哪儿来，到哪儿去，然后说要帮我拿行囊。我告诉他，袋子特轻，因此无论如何也不会让我感到是个负担。但是他坚持要那样做，并花言巧语地骗我，直到我允许他来帮我。从他得到了东西的那一刻起，我注意到，他就在逐渐地加快速度，显然是要跑到我前面，以便检查里面装的那些看不到的东西。不过，我是一个特别出色的步行和跑步者，他是不可能超过我很远的。在路的拐弯处，在他让他的马疾驰了约一个半小时后，就在他觉得已在我视线之外的时候，我赶上他正在搜检我那可怜的袋子。发现里面只有一把梳子、一把刷子、一条毛巾、一块肥皂、一套换洗的内衣、一本彭斯的诗集、一本弥尔顿的《失乐园》以及一本袖珍的《新约》时，他等着我，把袋子还给了我，然后转下山去，说他忘了什么东西。

我发现了长势极好的叶子发亮的石南植物，这种植物在阿勒格汉尼山很出名。在各种蕨中，假紫萁（肉桂色的蕨）是最大的，并且大概是最丰富的。欧紫萁（开花的蕨）在这儿也很普遍，但不大。在伍德*和格雷**的《植物学》中，假紫萁据说是一种比绒假紫萁大得多的蕨。我发现，这在田纳西和南方是如此，但在印第安纳、伊利诺伊的部分地区，以及威斯康星，情况则正相反。在这儿发现了美丽敏感的 *Schrankia*，或称含羞石南。它有很长的带刺的豆科藤蔓，以及浓密的散发着芳香的黄色小花的花头。

路边的蔓藤受到很多讨厌的吹拂，只因为它们会证实有所感觉。敏感的人也有同样的遭遇。但路边的蔓藤很快就变得不很敏感，就像习惯于挑逗的人一样，大自然，以此为例，也倾向于让开花的生物和人一样享有同样的安适。由此我发现，沿着步行道生长，并通向边缘森林的校舍的含羞石南的蔓藤，比那些生长在相连的少人迹的森林中的，其敏感度要差得多，它们已学会不大理会那些来自挑逗学者们的令其激动的各种手段。

看见一对对羽状的叶子从草中迅速伸展出来，并从根部到俯卧的茎之间的 10-20 英尺处，有序而不断地将它们合拢起来，真令人惊讶。我们对植物的生活的了解是多么可怜啊——包括它们的希望、恐惧、痛苦和快乐！

与一位田纳西的农场主一起旅行了几英里，他因为刚刚听到的消息而激动不已。"三个国家，英国、爱尔兰和俄罗斯再次向美国宣战了。

---

*　阿方索·伍德，Alphonso Wood（1810－1881），美国植物学家。缪尔在这里特别注明，在他的多次漫游中，都曾携带着这位植物学家的著作：《植物学分类手册及美国和加拿大的植物》。——译者注

**　阿萨·格雷，Asa Gray（1810－1888），被誉为 19 世纪最重要的美国植物学家。——译者注

唉，太可怕了，可怕，"他说，"这个大战来得太快了，就在我们自己的战争结束之后。好吧，我们也没什么办法。现在我只能说，美国万岁，不过我还是很希望他们别打仗。"

"但你能肯定你的消息是真的吗？"我问他。"哦，是的，肯定是真的。因为昨天晚上我和一些邻居在下面的商店里，吉姆·史密斯识字，是他在一份报纸上发现这条消息的。"他回答道。

经过了詹姆斯敦的一个贫困的摇摇欲坠的死寂村庄，一个难以想象的凄惨地方。在通向坎伯兰峰顶的山坡上，大约在日落前的两小时，我开始寻找一个住宿的房子，因为有人警告过我，前面有大约四五十英里的宽阔的山峦台地是没有人家的，所以我才这样早地去寻找一个过夜的地方。我敲开了一扇门，一位老大妈回答了我关于提供晚饭、床铺和早饭的请求，说她愿意尽其所能地满足，但是我必须有足够的零钱来付我的账单。当我告诉她，我只有一张五美元的绿背纸币而没有零钱时，她说："那么，对不起，我不能留你。不久前，有十名士兵从北卡罗来纳经过这里，早晨，他们给了我一张绿背纸币，可我没零钱找。结果，我招待了他们却一分钱也没拿到，所以我不能再这样做了。"我说："很好，我很高兴你能预先告诉我，因为我情愿挨饿，也不愿骗取你的好客。"

在我转身要走，并已道了再见时，她，显然很同情我疲惫的样子，又把我叫回来，问我是否愿意喝一杯牛奶。我很高兴地接受了，心想，在一两天内，我大概都不会再有任何营养品了。然后我问，在这条路上，是否还有不在四五十英里以外的、比较近的人家。她说："有，到下一个人家只有两英里，但在更远的地方，我知道，除了空房子就没有任何人家了，在战争期间，它们的主人不是被杀就是被赶走了。"

来到最后一户人家，给我开门的是一位娇小的活泼健康的漂亮女人，听了我过夜和提供食物的请求后，她回答说："哦，我想是可以的。我觉得你可以留下来。进来吧，我去叫我先生。"我说："不过我必须先告诉你，我没有比一张五美元的绿背纸币更小的零钱来付我的账单。我不想让你觉得我在骗取你的好客。"

她唤来了她的丈夫，一个铁匠。他正在他的铁匠铺工作。他出来了，手里还拿着锤子，敞着胸，淌着汗，脏兮兮的，长着一头浓密的黑发。当他听到他的妻子说，这个年轻人希望留下来过夜时，马上就说道："没问题。告诉他，让他进屋。"他转过身来，要回作坊去，这时，他妻子又说："但是他说，他没零钱付账。除了一张五美元的纸币，没有更小的零钱。"他只犹豫了一分钟，转身说道："告诉他让他进屋。我欢迎一个事先告诉我这个情况的人来分享我的面包。"

当他结束了白天的辛勤工作回屋坐下来吃饭时，他郑重地祈祷，感谢上帝赐予他一顿仅仅是玉米面包和咸肉的简单晚饭。然后，他从桌子那头望着我说："年轻人，你到这儿来干什么？"我回答说，我在观察植物。"植物？哪种植物？"我说："所有的植物。青草、杂草、花卉、树木、苔藓、蕨类——几乎所有生长的东西都让我感兴趣。"

"那么，年轻人，"他质问道，"你的意思是说，你不被政府雇用，也不受雇于任何私人企业？""是的，"我回答道，"除了我自己，我不受任何人的雇用。我喜欢各种各样的植物，我来这里，到南方各州寻求尽可能多的有关它们的知识。"

"你看来是一个很有决断力的人，"他答道，"而且你肯定能够从事某种比在各地游荡和观察杂草杂花更好的事。这些年是艰苦的时代，而真正的工作是每个能干的人所要求的。摘取鲜花似乎在任何时代都不是一个男人的工作。"

对此，我答道："你是一位圣经的信奉者，不是吗？""哦，是的。""那么，你一定知道所罗门*是个很有决断力的人，他通常被认为是这个世界上所能见到的一个最聪明的人。他认为研究植物是值得的，他不仅像我一样去摘取它们，而且还研究它们。而且你知道，我们都听说他写了一本关于植物的书，不仅有黎巴嫩的巨大的杉树，还有长在墙缝中的小不丁点的东西。

"所以，你看，在这个问题上，所罗门与你的分歧比同我要大得多。我敢向你保证，他曾经在犹迪亚的山里进行过很多长途的漫游，而且，如果他是个扬基（美国人），他也会去造访这片土地上的杂草。另外，你不曾记得耶稣要他的信徒去'思考百合花是怎样生长的'，并将它们的美与所罗门的一切荣光进行比较吗？那么，我应听取谁的劝告呢？你的还是耶稣的？耶稣说，'去思考百合花'。你说，'别管它们。那是不值得任何有决断力的人去做的。'"

这些话显然使他感到满意，而且承认以前从来没有那样去考虑鲜花。他一而再、再而三地重复道，我必定是一个有决断力的人，而且认为我摘取花卉是完全正当的。然后他告诉我，尽管战争已经结束了，步行越过坎伯兰山仍然是极不安全的，因为有一股散兵游勇隐藏在路边。所以他认真地恳求我转回去，在这个国家重归平静有序之前，别再想步

---

* 所罗门，Solomon，古代以色列国王。出生于公元前 1000 年，于公元前 930 年去世，是以色列最有智慧的国王；《圣经》中箴言、传道书、雅歌的作者。——译者注

行到墨西哥湾那么远的地方去。

我回答道，我不害怕，因为我几乎没什么可损失的，而且也似乎没人认为抢劫我是值得的。况且，无论如何，我的运气总是很好。清晨，他重述了他的警告，并劝我转回去，但这些都不曾对我要进行令我自豪的步行决策有片刻动摇。

9月11日　这是一片伸展得很远的平坦的砂岩高地，稍有坑洼以及浅得像沟渠一样的谷地和小丘。大部分树木是橡树，种植的间距与威斯康星的森林一样宽阔。有很多松树，随处可见，有四十到八十英尺高；遍地都是艳丽的花朵。远志、一枝黄花，以及紫苑特别多。大约每隔半英里我就会来到一个清凉明澈的小溪，溪边生长着欧紫萁、薇菜和硕壮的芦苇。有几条大的溪流边上长着月桂和杜鹃花。树下的大片地面令人生畏，布满了长着带钩的尖牙利齿的绿色荆棘和悬钩子，几乎不能穿越。房子都离得很远，而且没有住人；果树和篱笆都腐朽了——令人心酸的战争标志。

约在中午时分，我的道路变得难以辨认了，最后则在荒僻的田野中消失了。我不仅迷了路，而且饥饿。我知道方向，但是那些荆棘让我摸不着南北。我的道路确实布满了鲜花，但也有永远会踩到的致命的荆棘。在努力要从这些可恶的植物中打开一条路时，人们不仅会被钩住和刺穿所有的衣着，并因此而受伤，同时还会陷进去和完全被困在那里。带锯齿的弯曲的树枝像残忍的活生生的手臂一样从你上方伸下来，你越挣扎，你就越加无望地陷进去，而你伤得也就越深和越重。南方有捕昆虫的植物。那里也有捕人的植物。

经过了一番奋力的拼搏和斗争，我终于逃遁到路上和一所房屋前，但是没能找到食物和其他东西。快日落时，正当我快步地沿着一条笔直的、很长的路段行走时，突然有十个骑马的人并排出现在我眼前。他们无疑是在我发现他们之前就看见了我，因为他们已经将马停下，并且显然在监视我。我立刻明白，要想避开他们是无用的，因为周围的地面很开阔。我知道做什么都没用了，除了毫无恐惧地面对他们，而且丝毫不能表现出有对不正当行为的疑惑。于是，甚至一分钟都没停留，我迅速地跨着大步向前走去，好像要从他们中间穿过去一样。当我走到离他们大约有十六七英尺的时候，我仰起头来看着他们的脸，微笑着说："诸位好啊！"连一刹那也不停留，我转到一边，绕过他们再次走到路上，仍然不敢回头张望或表露出丝毫对被劫持的恐惧。

当我走出约 100 或 150 码的时候，我冒险向后瞟了一眼，但没有停步，就在这一瞥中，我看见这十个人全都把马转向了我，显然是在谈论我，估计是在猜我的目的是什么，我要到哪儿去，是否值得花时间来抢劫我。他们骑的都是很瘦的马，全都留着垂到肩上的长发。他们显然是一群最不知悔改的亡命之徒，长期以来已习惯于抢劫，他们痛恨和平的到来。但是我没被跟踪，大概从我的植物标本夹中突出来的植物使他们相信，我是一个穷苦的草药医生，在这个山区里是一个很普通的职业。

天黑时，我在路边不远处发现了另一所房屋，有黑人住在里面。在那儿，我得到了我需要的一顿丰盛的晚饭：绿豆角、酸牛奶和玉米面包。我被安排坐在桌边的一个没底的椅子里，因此膝盖被挤在胸上，嘴则刚好够着我的盘子。不过饿疯了的我已顾不得许多了，但我的古怪的被挤压的姿势使强烈的食欲不至于过分放肆。当然，晚上我不得不和树木一起睡在露天的巨大卧室里。

9月12日　醒来时全身都被山雾浸湿了。大雾中的景色恢宏壮观，不过雾在火红的太阳出来之前就消散了。经过了门特哥莫瑞，一个坎伯兰山东面坡头上的破烂村庄。在一个很干净的人家吃了早饭，然后开始走下山去。渡过了一条宽阔冰冷的河（埃默里河）——克林克河的支流。在大自然中，任何东西都不能像山中的河流那样动人，这是我以前从未见到过的。它的岸边鲜有人迹，美丽的鲜花和长得很高的树木造就了大自然最冷清却也最宽容的地方之一。每棵树，每朵花，以及这条可爱的河中的每一个涟漪及漩涡，似乎都郑重地感受到了伟大造物主的恩赐。在这个圣殿里逗留了很长时间，我衷心感谢上帝的仁慈，允许我进入这块圣地，并享用它。

发现了两种蕨，蚌壳蕨和一种很小的附着在树上的乱蓬蓬的蕨，它们在远南部很常见。还有一种长有很大叶子和深红色圆锥形果实的木兰。我在这条河附近的一片巨大的满是苔藓、小鸟和鲜花的岩石中消磨了一段愉快的时光。这是我曾到过的最神圣的地方。山边狭长的谷地水分充足，橡树、木兰、月桂、杜鹃、紫苑、蕨类、灰藓、鳞苞藓等将其点缀得十分壮观。还有高耸的一丛丛美丽的铁杉。铁杉，按照加拿大的一般物种的标准，我认为是一种最稀有的珍贵的针叶树。但是这些在坎伯兰东面山谷中的铁杉和松树自身一样，形状完美，姿态优雅。松树非常多。当我走下这些山和这个州边界上的乌纳卡山之间的山谷时，从开阔的地带瞥见了美妙的景色。涉过了可林奇河，一条美丽清澈的河，它知道山中很多最可爱的僻静之处，这些地方一直都在倾听着流水的音乐。天黑之前到了金斯顿。将我搜集的植物用快递寄给了威斯康星的弟弟。

田纳西的可林奇河

9月13日　整天都行走在一些横刻在一个宽阔的谷地表面上的平行的小凹槽上。这些凹槽似乎是由旁边的压力造成的，很肥沃，并且有些很好的形状，尽管也有战争打在所有东西上的印记。道路似乎永远都不会通向任何一个一定的目的地，只是漫无目标地徜徉着。在打听去菲勒德尔菲亚（在田纳西的伦敦郡）的路时，一个健壮漂亮的田纳西姑娘告诉我，翻过那些山就有一条近得多的路，因为她总是走那条路，所以无疑我也能走。

我开始越过那些坚硬的山梁，而且很快就到了其间的一组迷人的谷地，但无论我怎么调整我的旅行方向，也无法找到步行去菲勒德尔菲亚的近路。最后，在查询了我的地图和罗盘后，我不再管任何方向，终于到了一个黑人赶牛者的住所，我请求同他一起过夜。得到了大量知识——如果我要做一个赶牛人的话，可能会有用。

　　9月14日　菲勒德尔菲亚是一个位于美丽环境中的肮脏村子。多少有点松树。黑橡树是最多的。水龙骨和圣诞蕨是最多和分布最普遍的蕨。绒假紫萁很少，不结果，很小。离开坎伯兰山后，蚌壳蕨很多。黑脾草在田纳西和肯塔基的很多地方都很普遍。但在这同一地区，冷蕨（气囊蕨）和铁角蕨属就不多见。*Pteris aquilina*（常见的欧洲蕨）很多，但很小。

　　走过了很多绿叶茂密的山谷，有阴凉的树丛，以及清凉的小溪。到了麦迪逊威尔，一个兴旺的村庄。饱览了整个乌纳卡山的景色，特别壮观。和一个快活的青年农场主一起度过了一夜。

　　9月15日　最壮观的起伏不已的山景。在空旷的地方曾多次停下来休息片刻和赞赏风景。道路在很多地方都插入岩石中，在圆丘和峡谷中转来转去。紫苑、鹿舌草*和葡萄藤生长得很浓密。

　　入夜之前来到一所房前，请求停留。"哦，欢迎你留下来，"那位登山者说，"如果你愿意，你可以待到明天早上，因为我必须一直住在这儿。"我发现这位老先生很善谈。特别喜欢他讲的那些很长的"酒吧"

---

* 　缪尔在此曾注：伍德（见前注）的植物分类学，1862年版，曾对 *Liatris odoratissima*（willd.）——通常人们都知道的香草或鹿舌草——做过如下有趣的描述："它们多肉的叶子，即使在它们死后多年，仍然散发着浓厚的香气，因此被南方的种植园主们大量地混合在他们晒干的烟草之中，以便给那种令人厌恶的杂草分点香味。"——译者注

冒险故事，猎鹿的经历，等等；第二天早晨，他极力劝我再住一两天。

9月16日　他说："我要带你去这个地区最高的山梁，从那里你可以看到两面的景色。你可以看到山这边的世界以及上帝在另一边的全部作品。此外，你既然是因好奇和求知而旅行，那你也应该看看我们的金矿。"我同意留下来并去看看金矿。在阿勒格尼山发现的金子数量很少，很多农场主每年在没有其他事情值得做的时候，便去矿上工作几周或数月。在这个社区，矿工每天能挣半美元到两美元。离这儿不远的地方有几个大石英工厂。普通劳工每周挣10美元。

9月17日　在植物研究、铁匠活和一个谷物磨坊的检视中度过了一天。在田纳西和北卡罗来纳人烟稀少的地区，谷物磨坊是一种特别简单的事物。一块一个男人用手臂就可携带的小石头，绑在一个样子稚拙、反向运动的自制水车的垂直轴上，带有一个接面粉的漏斗和盒子，这就是全部装置。磨坊的墙是从小树上砍下来的未加工的椽子，没有地板，因为木材很珍贵。没有建好的水坝。水沿着山边送过来，一直流到水足够用的时候。在这个山区，这是一件很容易办到的事。

在星期天，你可以见到一些粗鲁的留着一头蓬发的男人从树林里出来，背着一个装玉米的袋子。从一配克（相当于两加仑）到一蒲式耳的普通谷物。他们沿着长满青草的步行小道，在山丘和谷地中上上下下，越过很多布满石南的峡谷，到磨坊去。鲜花和闪光的叶子掠过他们的肩膀和膝盖，偶尔还会碰到他们的浣熊皮帽。第一个到达的人将他的玉米倒进漏斗，打开水阀，并进入房内。聊天和吸烟之后，他便转去看他的谷物是否已磨好。之后应该让石头空转一到两小时，这没坏处。

在装备和工作能力上，这是我在田纳西见过的许多磨坊中非常普通的一个。这个磨坊是由约翰·沃恩建造的，他曾说他能让它一天磨出20蒲式耳面粉。但自从它落到别人手中之后，一天便只能磨10蒲式耳了。所有肯塔基和田纳西的机器都早已过时。这儿难以见到北方那种极有特点的无休止的思考和发明精神的痕迹。这儿的做事方式是一成不变的，好像既定的法律在试图让改革成为一种罪行。纺线和织布在山区的每个木屋中都还在进行，不论这种朴实的手工是出于节俭还是为了卖钱。他们将这些古老艺术的实践看作先进而非落后。"这后面有一个地方，"我的尊贵的主人说，"那儿有一个磨坊、一个杂货铺、一个酿酒屋、一个冷藏室、一个铁匠铺——所有这些都在同一个院子里！还有奶牛，有一群大姑娘给它们挤奶。"

　　这是一个我见过的最原始的地区，一切都很原始。威斯康星最偏僻的山区也远比田纳西和北卡罗来纳的山区先进。可是我的主人谈起了"老式的愚昧时代"，就像一个戴着文明光环的哲学家。"我相信上帝，"他说，"我们的父辈来到这些山谷，获得了其中最富庶的东西，剥取了土壤的膏脂。这片被耗尽了地力的土地现在生产不出烧烤玉米了。不过天主早预见到这种状况，因此还另外为我们准备了某种东西。什么东西？哦，他的意思是要我们爆破铜矿和金矿，这样我们就可以有钱去购买我们不能种植的玉米。"好一套深奥的观察。

　　9月18日　爬上了州边界上的山。景色比以往我见到的任何一个都要壮观。从北面的坎伯兰山向远方望去，直到南面的佐治亚和北卡罗来纳，是一片约5000平方英里的区域。这样的林海，这样起伏不定的令人骄傲的山景的美丽和壮观，是不可描述的。无数被森林覆盖的山丘栉比鳞次，似乎都正在享受着绚丽夺目的阳光，静静地，一动不动，

　　　　　　　　　　　　　　　　　　千里走海湾

因为它们只是一心一意地、急切地在吸收着它。一切都由那曲线和斜面的无比柔和而美丽结合在一起。啊，这是我们上帝的森林花园！它们的建造是多么完美，多么神圣！多么简朴和细节上的奥妙复杂！谁将会来读取这些森林篇章的教诲，和那些在山谷中愉快的溪流的歌唱，以及所有在其间居住的蒙受着一个守护者上帝不断呵护的幸福生物？

9月19日　得到了另一个严重警告：在我通过的山区中有危险。接待我的可敬的主人告诉我，在这个山区有一个奇异的山隘，劝我去看看。"人们称它为'踪迹隘'，"他说，"在那块大岩石上，有很多踪迹，有鸟的、酒吧的、马的、人的，所有的踪迹都在那唯一的岩石上，好像它原本是泥做的一样。"与我尊贵的主人和他令人舒畅的奇谈道别之后，我仍按照自己的路线走向南方。

在我离开时，他警告我说前面有危险，那儿有很多像野兽一样生活的人，只要可能，他们就会偷东西，甚至有时会为了四五个美元，甚至更少的钱，就搞谋杀。我在他那儿停留期间，注意到有个人每到天黑时就来家里要晚饭吃。他背着一杆步枪、一支手枪，还有一把刀。我的主人对我说，这个人与他的一个邻居有仇，他们一直准备再见到时就相互射击。他们两个谁也不能进行日常的工作或在同一个地方连续住两个晚上。他们只是为了吃的才上门来，我见到的那个人吃了他的晚饭就即刻走出去，睡在树林里，当然也不会生火。他的敌人也一样。

我的主人告诉我，他试图让这两人和好，因为他们都是好人；而且，如果他们同意停止争吵，他们就都能去工作。这个家里的大部分食物是无糖的咖啡、玉米面包，有时还有咸肉。而咖啡是这里的人们所知道的最奢侈的东西。唯一能获得它的方式是通过出售皮革，或者，特别是"sang"，即人参*，在遥远的中国发现了市场。

今天我整日都在沿着哈瓦西河**的丛丛绿树的河岸行走，这是一条令人难忘的山间河流。它的河道崎岖不平，因为它得越过许多尖端上翻的岩石层的边缘，或向右方和左方斜擦过去，而有的岩层边缘是直角状。这样，便产生了众多短小而轰隆作响的瀑布，因为其容量及河床的趋向，这条河的迅疾速度受到了限制。

所有未种植地区的较大的河流，不论是流淌在山间，还是穿越沼泽和平原，都是那样不可思议的诱人和美丽。它们的河道被雕琢得很有趣味，比那些宏伟的人工建筑有趣得多。最美的森林通常发现都在它们的沿岸，而且由于众多的瀑布和激流，荒野也有声响。这样一条河就是哈瓦西河，它的面容崩裂为无数的四溅的宝石，它的森林重岩叠嶂，鲜花盛开宛如伊甸园。它的歌声多么美妙！

在墨菲（北卡罗来纳），我被当地的行政长官叫住了，根据我的肤色和服装，他确定不了我是哪国人或是做什么的。内战以来，在这些偏僻地区，每个外来的陌生人，都被假设为罪犯，全都是仔细盘问的对象或被投以慎重的关注。在与这位墨菲的主管交谈了几分钟后，我被宣布不是个坏人，同时还被邀请到他家中。自从我离家之后，这是我第一次看到的一所用鲜花和藤蔓装饰起来的房子，里外都很整洁，而且从其所有的布置中都显示出一种有教养的安适和高雅。这与那种从野蛮人的帐篷向样子笨拙但却整洁的节俭拓荒者的圆木建筑进行的粗劣转变，

---

* 缪尔的日记中有如下加添的注释："M. 郡每年生产价值 5000 美元的人参根，每磅值 70 美分。依照法律，9 月 1 日之前是不允许采集的。"——译者注

** 缪尔在他的日记中将河名拼为"Haawassee"，这是个在很多较老的地图上出现的名称。这个名称大约来自切罗基印第安人的"Ayuhwasi"，是他们过去的几个居住区的名称。——译者注

　　　　　　　　　　　　　　　　　　　　　　　　千里走海湾

是有严格差别的。

9月20日　整日都与比尔先生一起在墨菲的沟槽和峡谷中度过。看到了巴特勒兵营的遗址，斯考特将军在将切罗克族印第安人迁往西部的新家园时，其司令部就设在这里。在哈瓦西河的岩石岸边发现了很多稀有的和不认识的植物。下午，从一个居高临下的山梁的最高峰上，我饱览了蓝色柔和的连绵不断的壮观山景。在树木中，我第一次见到了冬青。比尔先生告诉我，他那个社区，以及这一带附近的山区，大多数妇女的脸色苍白，主要都是由吸烟及所谓的"蘸浸"而导致的。我从来还没听说过"蘸浸"。这个术语的简单解释就是借助一根小药签用鼻子吸取树脂。

9月21日　最豪华的森林。很多小溪从道路上流过。布莱斯维尔（佐治亚州）是我上午走过的地方，似乎是一个丑陋的不足道的村庄，但却被连绵不断的群山所环绕。夜里，我被一位农场主友善地收留了，他的妻子看起来很聪明也很干净，却吸烟成癖。

9月22日　山丘变得小起来，表面覆盖着稀薄的泥土。它们被称作"丘陵地"，用一种单齿的松土器耕种或刨挖。每次降雨都会削弱土壤的肥力，而底层则会自然地补充上来。大约中午时分，我到达了我去大海路途中的最后一个山峰。它的名字是蓝岭，它展现出的是一种与我曾经历过的完全不同的景象。这是一个广袤的深绿色的松林海洋，一直延伸到大海；是一个在任何时候和任何环境中都难得一见的景观，尤其是对一个刚从山中出来的人。

与三个穷苦但却快乐的山里人——一个老媪，一个年轻女人，和一个年轻男人——同行。在一个摇摇晃晃的四轮马车的车厢里，他们或坐，或靠，或躺。那辆车似乎是用招魂术凑在一起的，靠一头很大的和一头很小的骡子不安地运转着。下山的时候，马车的绳子和衔接松弛，骡子便几乎后退到车厢之下看不到的地方，车厢里的三个人则不知不觉地滑到前车帮上，在骡子耳朵上方挤成一团。在他们能将其四肢从这种粗暴无礼的混乱中解脱出来之前，路上的一个新山梁又常常使他们倾斜过来，并嗖的一下碰撞在后车帮上，以比原先更古怪的姿势搅和到了一起。

我本以为会看到这三个人——一男两女，还有那两色交杂的骡子——一起翻倒在某个岩洞底里，可他们似乎对车厢的前后车帮充满了信心。于是他们继续心安理得地上下滑动着，从这头到那头，按照坡度的要求，遵从着地心引力的规律。在颠簸缓和的地方，他们就会根据乡下的风俗谈论爱情、婚姻和野营会议。那位老太太，经历了所有交通工具的变化，曾经举办过一个法国式的金盏草宴会。

山边一带正在收获紫苑。晚间到了芒特仰那。与一位老美伊美教派的蓄奴者和矿主作了长时间的交谈。受到了美味苹果汁的款待。

3. 经过河国佐治亚

9月23日　现在，我完全走出了山区。至今气候在任何气温表上都还没什么变化，高度随着纬度的减少而增长。这些山是北方植物可能向南伸展的大道。沿着我的旅途，有很多南北植物交会的小地方，但在这儿，在阿勒格尼山的南坡，才是这两种最大量的、强有力的，也是最富有代表性的气候的聚集处。

经过了幽静的绿荫遮盖的小镇甘尼斯维尔。查塔霍克河完全被大片凸出来的深绿色的黑栎所围，并饰以生长浓密的马斯凯丁葡萄藤，它的华丽的绿叶，与河岸的锦绣适应得好极了，而且因为有其他交织在一起的蔓藤和绚丽的花朵而显得更加华美。这是我见到的第一条真正的南方的河流。

晚上，我到达了我曾在印第安纳一起工作过的一个年轻人——普拉特先生——的家。他到这里来探望他的父母。这是一个平凡的边远地区的家庭，住在离河不远的远离人们视线的长有树木的丘陵中。这一晚上是在关于南方和北方的各种谈论中度过的。

9月24日　与普拉特先生一起在查塔霍克河上度过一整天，饱尝了从下垂的蔓藤上掉下来的葡萄。这一极其优良的野葡萄品种有一个粗壮的茎，有时其直径有五六英寸，树皮光滑而木质坚硬，与我曾见过的栽培的葡萄藤大不相同。葡萄个儿很大，有些直径几乎有一英寸，圆形，味道很好。通常，一串葡萄大约有三四粒；成熟时，它们会掉落下来，而不是烂在藤上。在沿岸的漩涡里经常会发现大量的掉在河里的葡萄，它们在那里被人们收集到船里，有时会酿成酒。我认为这种葡萄还有另一个名字"斯卡普农"（scuppernong）*，尽管它们在这里被叫作马斯凯丁（muscadine）。

除了河上航行，我们还在查塔霍克通过的低地上，在植物的阴凉下及纠结的藤蔓中走了很久。

9月25日　告别了这个友善的家庭。普拉特先生陪我从家里走出去一小段路，同时一遍遍警告我，一定要注意响尾蛇。他告诉我，它们现在正在离开潮湿的低地，因为它们正在旅行，所以危险就要大得多。我从萨万那出发，但在藤蔓遮蔽的山中和河流低地的洞窟中迷了路。我找不到普拉特先生让我去的那个渡口。

于是我决定一直往南走，不管什么道路和渡口。在一连串的失败之后，我终于在河岸边上发现了一个地方，在那里，我可以硬从河中走过去，穿越乱七八糟的藤蔓。我成功地靠趟水和游泳过了河，全不在乎浑身浸水，因为我知道在强烈的阳光下很快就会晒干。

---

*　缪尔在这儿描述的是美国南方的美洲葡萄的印第安名称。在伍德的植物分类表中，被列入到 *Vitis Labrusca*（拉丁文，美洲葡萄）中，并说"这种被称作斯卡普农的品种在南方的园林中非常普遍"。——译者注

快到河的中流时，我发现很难对抗湍急的水流。尽管我有一根结实的木棍作支撑，却不论我如何努力，最后还是被水流带走。不过我终于游泳到了较远那边的浅水当中，很幸运地抓住了一块岩石，歇了一会儿后，游泳和涉水到了岸边。借助垂下来的藤蔓，我把自己拽上了陡峭的河岸，摊开了我的四肢，我的纸币，还有我的植物，让它们干起来。

我在进行思想斗争——是否还要继续下到河谷中去，直到我能够买到一只船，或用木材去造一只，然后靠航行而不是徒步长征穿越佐治亚。我已经沉醉在这些多彩的河岸的美色之中了，在我的想象中，我越接近海洋，它们也将会变得越加壮观。不过，我最终的结论是，这种快乐的航行所得的收益要比步行少，所以，当我的湿东西一干，我就立即又向南方漫游。响尾蛇多极了。在一个农户家里过了夜。在一个花园里发现了几种热带植物。

棉花是这一带的基本作物，采摘现在正欢快地进行着。只有长得较低的棉桃成熟了。在植株的较高处的棉桃还是绿的，尚未开放。较高处仍然在发芽和开花，如果植株茂盛，季节也可人，它们在1月之前会一直结桃。

黑人们轻松而愉快，总是吵吵嚷嚷，并做些琐碎的事。一个精力充沛的白人，只要乐意工作，可以很容易采摘到六个混血种男人和妇女所达到的量。这儿的森林几乎全是由暗绿色的多结的松树组成的，种植得很稀疏。土壤大部分是白色细沙质的。

9月26日　下午到达了阿森斯，一个特别美丽的贵族化城镇，有很多富裕庄园主富丽堂皇的古典式府邸，他们早先在更南边的最好的棉花和食糖产区里拥有很大的黑奴种植园。处处都有明显的文化和高雅以及财富的印记。这是我旅途中所见的最美的城镇，至今，也是我唯一愿意重访的城市。

这里的黑人都很有教养并且特别有礼貌。当他们在路上看见一个白人时，便会脱下帽来，甚至已经走到四五十码以外，他们还光着头，直到看不见为止。

9月27日　在一些老种植园中弯弯曲曲地走了很久，其中有几个仍在按老方式由那些战前就在那里工作的黑人种植着，他们仍然住在他们早先的"宿舍"里。每月付给他们7-10美元。

在这些沙质的几乎没有阴凉的低地平面上，天气是很热的。我在非常渴的时候，在一个砂岩盆地里发现了一个悬挂着可以遮阴的灌木和蔓藤的美丽泉眼。在那儿，我尽情地享受着纯净的凉水所带来的快乐。在这儿发现了一种很美的南方蕨，还有某些新认识的草，如此等等。我想，在我渴得要晕倒的时候，大概正是按照上帝的旨意才来到了这里。在这附近是不大容易享受到有凉水、阴凉和稀有的植物结合在一起的快乐的。

在这个光的明亮世界中，我见到了我曾欣赏到的最美的日落。阳光的南方确实充满了阳光。在一个非常有礼貌的黑人指引下，找到了过夜的地方。在这一带，日常的食物就是红薯和咸肉。

9月28日　在河岸和潮湿的洞穴里有很多黑栎树。各种草都变得很高，像甘蔗一样，不能像在北方那样用它们的叶子遮住地面。在我周围簇拥着许多不认识的植物。在今日路途上的鲜花中很少有熟悉的品种。

9月29日　今天看见了一种富丽堂皇的草，有10-12英尺高，绽放

南方松树

着华美的圆锥形的很光鲜的紫色花朵。它的叶子也很有庄严的气质和宽度。它生长在阳光充足的草地和水流缓慢的河流及沼泽的潮湿的边缘地带。它似乎充分意识到它的高贵级别，因此它在摆动时，也带有高山松树的文雅和至高无上的庄重风度。我真希望能够将这些华贵的植物植入我们威斯康星草原的草类生长区中。肯定所有的锥状花序都会愉快忠顺地摆动和鞠躬致敬，并承认它们的国王。

9月30日　在汤姆森和奥古斯塔之间，我发现了很多新的美丽的青草，有很高的假毛地黄、鹿舌草、石松类等。这里也是宏伟的长叶松的北方边界，一棵树高达60-70英尺，直径有20-30英寸，长有10-15英寸长的叶子，闪闪发亮地密集在裸露的树枝的末端。木质结实坚硬，而且多脂。它是出色的船桅、桥梁和地板的材料。它们被大量出口到西印度群岛、纽约和加尔维斯顿。

五六年的小树，从它们的形态来看，是一种特别能引起来自北方的人注目的事物，它们有笔直的无叶的树干，顶上有一个深绿色叶子的树冠，像椰树一样弯曲和四下伸展开来。孩子们认为它们很像扫帚，因此把它们放在他们野餐的游戏室里作用具。长叶松在佐治亚和佛罗里达是最多的。

这儿的沙质土壤有很少部分与圆形的石英石颗粒和黏土黏合在一起。侵蚀进展得很慢，却依然使黏土全部剥落，只剩下沙子。尽管土壤是沙质的，这个地区的表层却大多有持续不断的水，这一点很容易用上面提到的严密黏合来解释。

今天走了40多英里路，没吃饭，也没晚餐。没有人家愿意收留我，所以我只好继续往奥古斯塔走去。饥饿让我入睡，但胃痛又让我醒来，这种痛，我猜，是因为胃里没有食物，胃壁只能空磨而引起的。一个黑人好心地指给我一个旅店，叫开了门，我估计，这是个种植园主的店。用一美元换得了一个舒服的床位。

10月1日　在一个市场里吃到一顿便宜的早餐，然后继续沿着萨万那河向萨万那走去。华美的草地，茂密的被蔓藤覆盖的森林。货车装运着马斯凯丁葡萄。紫苑和一枝黄花变得稀少起来。莎草很少。豆科植物很丰富。有一种西番莲非常普遍，一直可追溯到田纳西。它在这儿被叫作"杏藤"，有非常美丽的花和我吃过的最好吃的果实。

这里种植石榴。果实大约有橘子那么大，有一层很厚的粗糙的皮，剥开时，有许多分隔的相似的小盒子，里面装满了半透明的深红色的糖果。

傍晚时，我来到一个生长着一种最令人惊骇的南方植物的地区。这种植物被称作"长苔藓"或西班牙苔，虽然它是开花植物，而且与菠萝属于同一科。这一带的树木的树枝全都垂挂着它，给人一种不同凡响的效果。

也是在这儿，我发现了一片难以穿越的柏树沼泽。这种不一般的树叫柏树，实际上属于落羽松，长得又大又高，而最不一般的是它的平坦的树冠。整个森林的顶部几乎是平的，就好像每棵树都长到顶在天花板上，或者在生长当中卷了起来。这种落羽松是我所见过的唯一的平顶树。它的树枝尽管四散开来，彼此间却小心翼翼，一旦到了总水平线上，就戛然停止，好似它们已经顶到了天花板上。

小树丛和灌木丛上满是鲜花盛开的常青藤。这些藤蔓并没有排列成分隔的组合或者精致的花环，而是形成各种浮雕状的高墙，及厚重

西班牙长苔藓（松萝铁兰）

千里走海湾

的、一丛丛的小丘和堤岸。这使我感到自己是在一片陌生的土地上。除了几种鸟，我几乎不认识任何植物，而且因为这片圣洁幽暗和神秘的柏树森林遮盖了一切，我无法认识这片土地。

风里充满了奇怪的声响，使人感到远离了家乡的人们、植物和丰硕的田野。黑夜来临了，我感到一种无法描述的孤独。觉得浑身发热，在一条忧郁和安静的河里洗了澡，紧张地提防着鳄鱼。在棉田中的一个种植园主的家里得到了膳宿。这个家庭似乎是相当富有的，但是整所房屋的唯一光亮是壁炉里燃烧的一点黑松木。

10月2日　在萨万那河低地森林里。忙着搜集新标本。有极为精心设计的 *Agrostis scabra* 硬毛杂草。松树与那些开放、友好、可亲近的植物组成恢宏的方阵。

遇到一个非裔年轻人，和他进行了长时间的交谈。他的关于猎取浣熊和迷信的动人故事让我感到很有趣。他指给我看一个火车曾经脱轨的地方，而且要我相信，每天夜里，都可能看见那些遇难者的鬼魂。

日落之后仍走了很长时间的路。终于在伯金斯博士家得到了接待。在花园里见到了海角茉莉。听了一段很长的关于战争爆发的故事，讨论了奴隶问题和北方的政治。这是一个极其典型的南方家庭，风度文雅，待人和气，但对于一切与奴隶制有关的问题都抱有不可动摇的偏见。

这家人的餐桌和我所见的都不一样。它是圆形的，中间部分有轴转动。任何人在需要帮助的时候，他就把盘子放到轴心部分，盘子会转到主人那里，然后又会将新装满的盘子转回来。这样每个盘子都会转到正确的位置，而无需家里的任何人帮忙。

10月3日　这一天大部分时间都在"松树荒野"之中度过。这是一片广阔低平的沙质地带。松树的间距很宽，在美丽丰硕的草中有很多喜欢阳光的品种，如鹿舌草、很高的一枝黄花、锯棕榈等，它们像花园的草一样遮盖着地面。我自由自在地、愉快地漫游其间，没有碰见带刺的蔓藤或灌木，或任何冲积土河底的东西。低矮的小橡树到处都是。

傍晚时分，我到了卡马尔隆先生家。他是一个富裕的种植园主，曾经有大批奴隶在他的棉田里劳动。这些人现在仍称他为"Massa"（老爷）。他告诉我，现在劳动力的花销要比黑奴解放前少。在我到来时，我发现他正忙着擦洗一些轧棉机锯子上的锈斑，这些锯子在他的磨坊池塘底下放了好几个月，以防止舍尔曼[*]的"饭桶们"毁了它们。最值钱的磨面机和轧棉机也用同样的方式隐藏起来。"如果比尔·舍尔曼现在过来而不带他的军队，那他就永远回不去了。"他说。

当我问他能否为我提供膳宿时，他说："不，不行，我们不为旅行者提供膳宿。"我说："但我是以一个植物学者的身份旅行的，每逢夜晚，我就不得不寻找一个住宿的地方，要么我就得睡在户外——在我从印第安纳开始的长途步行中，经常是不得已而为之。可是你知道，这个地方非常潮湿，如果你至少能卖给我一块面包，或从你的井里给我一点喝的，我就到周围去寻找一个干燥的地方躺下来。"

于是他问了我几个问题，并仔细地检查了我，然后他说："哦，仅仅是可能吧，我们可以为你找一个地方，但是如果你要进到我家里来，我就得问问我的妻子。"显然，在让自己善待客人之前，他要慎重地征求他的妻子对我这类人的意见。他把我挡在门口，叫来他的妻子，一个

---

[*] 比尔·舍尔曼，Bill Sherman（1820-1891），美国南北战争时期北方联邦军队的著名将领，被称"第一位现代将军"。——译者注

很漂亮的女人。她也仔细地盘问了我，甚至问到我在战后不久就走那么远来到南方的目的。她对她的丈夫说，她觉得，大概他们能给我找一个睡觉的地方。

晚饭后，在我们坐到壁炉边谈论我爱好的植物学科时，我描述了我所经过的这片土地，它的特点等。这时，很明显，所有对我是否是一个正派人的怀疑都消失了，他们俩都表示，他们不论怎样都不会让我走了，但是我一定要原谅他们的谨慎，因为大概在那些经过这个不大有人来的地方的人中，几乎是无人可信赖的。"不久前，我们款待了一个言语、服装都很得体的男人，就在那天晚上的某个时候，他拿了一些值钱的银器销声匿迹了。"

卡马尔隆先生对我说，当我刚到来时，他曾把我当成一个共济会会员，而在他发现我不是共济会会员时，他甚至更疑惑，在这个麻烦重重的时代，得不到共济会兄弟们的协助，我怎么会冒险进入这片土地。

听了我关于植物学的论述后，他说："年轻人，我知道你的爱好是植物学。我的爱好是电。我相信，这个时代就要到来，而我们可能活不到看见它的那个时候；这种神秘的动力或力量，现在仅用于电报，而到了那时，最终会为火车和轮船的运转、照明提供电力，因此，一句话，电将为这个世界做一切工作。"

自那时起，我有很多次想到过这位种植园主的美好正确的远见，迄今与世界上的几乎所有人相比，它都是先进的。他所预见到的几乎全都实现了，电的使用范围正一年年地扩大着。

10月4日　不断有新的植物出现。整天都待在稠密、潮湿、阴暗和神秘的平顶的落羽松林里。

10月5日 第一次见到了高大的香蕉树，生长在路边的花园里。晚上和一个令人欢愉的有才能的萨万那家庭在一起，不过和平时一样，是在经过了严格的盘问之后才被接受的。

10月6日 无边的沼泽，仍然是完全无法进入和阴暗的，它永不会被风吹皱，也不会因干旱而枯涸。它们大多似乎是完全生在水中的。

10月7日 不能穿越的落羽松湿地似乎无边无际。银色的杂乱的长苔藓变得更长更多。在回答了通常的问题和严格的盘问之后，与一个快乐的佐治亚家庭过了一夜。

10月8日 发现了第一棵木本菊科植物，这是一个特别令人瞩目的发现。要得到它就得到如此遥远的地方来。在这儿，几乎所有树木和灌木都是常青的，长有很厚的发亮的叶子。荷花、玉兰变得很普遍。这是一种在果实、叶子和花朵上都很不一般的树。在萨万那附近，我发现了一些荒僻之地，上面生长着浓密的木本豆科植物，有八英尺或十英尺高，有羽状的叶子和垂吊着的飒飒作响的豆荚。

到了萨万那，但没有任何来自家里的信息；同时，由我弟弟按我的要求从波梯基（威斯康星）快递来的钱也还没到。感到真正的孤独和可怜。到了一个我能发现的看起来是最劣等的旅店，因为它的价格很便宜。

4.露宿在墓地中

10月9日　又去了一趟快递公司和邮局，然后在街道四周闲逛，发现了一条可带我去邦纳温特墓地的道路。如果《圣经》中曾提到的那个越过了加利利海的墓地有邦纳温特的一半美丽，我就不会怀疑一个人应当居住在这种坟墓中了。它距离萨万那仅有三四英里，并有一条白色路面的光滑道路通向那里。

一路上，土地、水、天空都几乎无其可看，因此会使人们对邦纳温特的辉煌充满期待。在路两边，是崎岖不平的荒僻田野，丛生着劣等的杂草，很少看到耕种的痕迹。但很快一切都变了。东倒西歪的圆木屋，破损的栅栏，以及最后一块杂草丛生、遗留着稻秆的田地都留在了身后。你来到了紫色鹿舌草和生气盎然的野生树木的温床。你听见鸟儿在歌唱，跨过了一条小溪，在一个巨大古老的墓地里和大自然在一起，它们是那么美，以至于几乎任何一个有理性的人都乐意选择在这儿和鬼魂住在一起，而不是和懒惰无序的世人一处。

大约100年前，这片土地有一部分被一个富有的绅士耕种过，并种了榉树，他在这儿拥有他的乡村住所。但大部分土地都不曾被触动。即使那些被人工搅乱了的地块，大自然也要让它们恢复原状，使它们看起来就好像人们的脚从未到过那里似的。只有一小块地被坟墓所占用，一幢老府邸现已成废墟。

邦纳温特最令人瞩目的荣耀是其壮观的榉树林荫道。它们是我所见到的最出色的栽种树木，约 50 英尺高，直径达 3-4 英尺，有宽阔的、披散开来的、枝叶茂密的树冠。主要的树枝平行地伸出来，直到它们一起覆盖了车道，使其全程都遮在树荫之下，而每个树枝都像花园一样被蕨类、鲜花、青草，以及矮小的棕榈装饰起来。

不过在这些树上花园的所有植物中，最令人惊叹和最富有特点的是所谓的长苔藓（松萝铁兰）。它从所有的树枝顶部垂到底下，悬挂着长长的银灰色绺子，长度不短于 8-10 英尺；当它们在风中慢慢摆动的时候，有一种庄严的给人印象极深的葬礼效果。那里还有几千种小树和丛生的灌木，隐藏在它们自身绚丽灿烂的光彩中不被人看见。这个地方有一半被一个咸水沼泽和一条河的岛屿环绕着，它们的芦苇和菖蒲组成了令人欢乐的边缘。很多白头鹰栖息在沼泽边的树木中间。每天早晨都能听到它们的尖叫声，同时还混合着乌鸦的噪音以及无数莺雀的歌声，它们深藏在浓密树荫的巢中。大群的蝴蝶，各种快乐的昆虫，似乎全都沉浸在欢乐和嬉戏的愉悦之中。这整个地方就像是一个生命的中心。死亡在这里并无优势。

邦纳温特是我曾见过的令人印象最为深刻的动植物聚集地。我是来自西部草原的年轻人，见过花园般的、宽广的威斯康星，见过印第安纳和肯塔基的山毛榉和橡树林，见过萨万那幽深神秘的杉树森林；但是，自我让自己徒步走过这些树林以来，我还从未发现过像邦纳温特垂吊着长苔藓的橡树那样一片令人难忘的树木。

作为一个来自另一个世界的新来者，我敬畏地凝视着。邦纳温特被称作墓地，一个死亡之城，但是在这样的生命深度中，这几个坟墓是没有力量的。活水的涟漪，鸟儿的歌声，鲜花的乐天自信，橡树的平和及不受干扰的崇高，标志着这个坟地是上帝最青睐的生命和光明的驻地之一。

邦纳温特墓地，属萨万那市

较之我们对任何其他事物的看法，我们对死亡的看法尤为扭曲、可怜。生和死的交感、友好的联合，在大自然中是非常明显的，但是我们被告知的是另一种思想，如死亡是一个事故，是对昔时罪恶的可悲惩罚，是生命的大敌等。城里的孩子们在这个正统的死亡论上尤其极端，因为在城里是极少能见到或被教导死亡的自然美的。

　　在我们自己物种的死亡方面，先不说那上千种谋杀的方法和模式，就以我们最好的记忆而言，哪怕是幸福的死亡，也会产生哀叹和眼泪，交织着病态的欢腾；参加葬礼的人群，皆是黑色的服装和黯淡的面容；最后，一个黑色的盒子埋葬在了一个不祥之处，笼罩着想象的幽暗，出没着各式鬼魂。因此，死亡成了恐怖的事情，最令人注目和不可思议的是在一个临终之人的床边听说："我不怕死。"

　　只有让孩子们与大自然同行，让他们看看生和死的美丽混合与交融，它们不可分离的愉悦的一致性，如同在我们神赐的星球上的树林和草地、平原和溪流中上课一样，他们就会知道，死亡实际上并不痛苦，它是和生命一样美丽的事物，而坟墓也无所谓胜利，因为它从未争斗过。一切都是极其协调的。

　　邦纳温特的这几个坟墓大都种着花卉。一般在顶头是一株木兰，紧挨着直立的大理石碑，底下是一丛或两丛玫瑰，边缘或上端有某种紫罗兰和绚丽的外来品种。所有的坟茔都被一道黑色的铁栅栏围着，组成了一个坚固的屏障，可能一直都在遭受着来自一个魔鬼战场的冲击和恫吓。

　　观察大自然怎样不懈地探索着修正这些劳作艺术的谬误是很有趣的。她腐蚀着铁和大理石，逐渐平整着那些总是被堆积起来，好像死者身上不能压上过重的泥土的坟包。各种草都高得弯下了腰；种子扇动着轻软的翅膀飞过来，静寂无声，用宝贵的生命之美代替了人工的灰烬；布满蕨类和长苔悬垂物的深绿色的常青树枝伸向四方——活动着的生命无处不在，不断地抹去人类掺杂而入的记忆。

在佐治亚，很多坟墓都有一个普通的沙质棚顶，像井盖一样由四根柱子支撑着，好像雨水和阳光都不是人们所希望的。大概，在这种炎热和不利健康的气候里，对那些不希望将他们的死者曝光的人看来，潮湿和烈日都是必然的邪魔。

我期待的汇款直到接下来的一周还没来到。在一个便宜的肮脏破旧的旅馆里度过了第一夜之后，我的钱包里就只剩下一个半美元了，这样，我就不得不露宿在外，以便用这最后的一点钱去买面包。我走出了喧闹的城区，去找一个没有沼泽的地方睡觉。在城郊通向海边的地方，我发现了一些低矮的沙丘，因为有盛开的一枝黄花而呈现着黄色。

在齐脚踝的沙子中，我疲倦地从一个沙丘走到另一个沙丘，希望在高大的花卉下面找到一个睡觉的地方，避开蚊虫和蛇，避开所有我的同类。但是，到处都有闲荡的黑人行窃，我有点害怕。风发出奇怪的声响，沉重的花序在我头上晃动着，我很担心患上这里非常流行的疟疾；这时，我突然想到了这个墓地。

"对一个身无分文的游荡者来说，那是一个理想的地方。"我想，"痴迷行窃的祸害制造者是不敢来冒鬼魂出没的令人恐惧的危险的，但在我看来，那儿将是上帝的休憩和安宁之处。再者，如果我要被曝露在不健康的烟雾中，我也会得到极大的补偿——在月光下，看到高大的橡树，沉浸在那个寂静美丽之地的所有难忘而无名的感化之中。"

此刻已近日落，我急忙越过这个公共场所来到路上，向邦纳温特走去。我为自己的这一选择而喜悦，而且几乎是高兴地找到了一个那么好的借口为自己的所作所为辩解——因为我知道，母亲会责怪我的。我曾答应她要尽可能地不睡在户外。在我走过黑人的小屋和稻田之前，太阳已落下了，在静寂的黄昏时刻，我来到墓地附近。

　　从城里到墓地大约有三四英里，在那种闷热的天气里走了那么长的路后，我感到很渴。就在墓地花园之外的道路下，迟缓地流淌着一条呆滞、咖啡色的小河。我穿过浓密的灌木丛，打开了一条通道，冒着在黑暗中遭遇蛇和鳄鱼的危险，我喝到了水。然后，我重又爽快地进入这个奇异而美丽的死人的住所。

　　我走在为树荫所全部遮盖的林荫道上，只是两边不时有曝露的墓碑闪出令人惊骇的白光，浓密的火花莓灌木丛像一堆堆水晶一样闪着光。没有一丝微风吹动那些灰色的长苔，树木的巨大臂膀在上方相交，遮盖着林荫道。但是这些遮盖物被很多网状的裂缝和叶边的空隙所分开，一束束晶莹的月光从那里洒下，为黑暗绣上银色的光亮。我着迷般地游逛了一会儿，然后在一棵高大的橡树下躺下来，找了个小土堆当枕头，将我的标本夹和背包放在身旁，休息得非常好，尽管因为有脚上带刺的大甲虫爬过我的手脸，以及很多饥饿蚊子的叮咬，而略受干扰。

　　我醒来的时候，太阳已经升起来了，大自然在欢腾。有些鸟已发现我是一个闯入者，因此极力地要用一种有趣的语言和手势表示出来。我听到了白头鹰以及某些奇怪的涉水禽类在激流中的尖叫声。我听见远方来自萨万那的嗡嗡声，夹杂着黑人刺耳的呼唤声。起来时，我发现我的头一直是枕在一座坟上，尽管我睡得并不像埋在下面的那位那样沉。我精神爽快地站起来，观望四周。早晨的阳光洒满滴着露珠的橡树和花园，眼前展现的美是那样绚丽和令人振奋，以致饥饿和忧虑都只是一个梦。

吃了一两片早餐饼干，看了几小时美丽的光线、鸟、松鼠和昆虫，我转回萨万那，发现我的汇款还没到。于是我决定早一点到墓地去，造一个能防露水的有棚顶的小窝，因为无法知道我可能在那里要待多长时间。我挑选了一个浓密的火花莓树丛中的隐蔽处，靠近萨万那河右岸，是白头鹰和众多鸣禽筑巢的地方。它隐蔽得那么好，我只得根据我在那条主要的林荫道上做的标记来仔细判断它的方位，并记在脑子里，这样，我就可以在睡觉的时候找到它。

我利用四个树丛作我的小帐篷的支撑物，这个帐篷大约有四五英尺长，三四英尺宽，绑起来的小树枝横搭在树丛的树杈上，支撑着一个灯芯草的顶棚，地面上铺着一个厚厚的长苔垫子做床。我的全部建筑规模小到我不仅能把床拿起来，而且可以把整个房子搬起来，同时还能走动。当晚我睡在那里，吃了几片饼干。

第二天，我回到城里，和往常一样扫兴——没有拿到钱。所以我花了一天时间来观察居民区和城市广场花园中的植物，而后回到了我在墓地中的家。我可能并未被看作或怀疑是在躲藏，尽管我好像犯了罪似的，总是在天黑以后很晚才回家。一天夜里，当我在我的长苔窝里躺下来时，我觉得有某种冷血动物在里面，是一条蛇？还只是一只青蛙或蟾蜍？我不知道。不过，出于一种本能，我没把手抽回来，而是抓住这个冰凉的家伙，将它从树丛上面扔了出去。这是我经历的唯一一次巨大的干扰和恐吓。

早晨，一切都似乎是极美好的。只有松鼠、阳光和鸟来到我周围。在它们发现了我的窝之后，每天早上我都会被这些小歌手唤醒。它们一开始并没有唱它们宁静的清晨之歌，而是在这个小茅舍的两三英尺之内，通过树叶窥视着我，同时还用半愤怒半困惑的声调谈论和斥责着。在骚动的吸引下，这个群体不断增大。于是我开始与我在这个神圣的荒野里的鸟邻居们相识，当它们知道我对它们是无害的以后，它们斥责得少了，唱得多了。

在这块墓地上过了五天之后，我明白，即使我每天只花 4-5 美分，我最后的 25 美分也要马上花光了。我曾多次试图去让人雇我干点活，都没成功；之后我想，我必须走到更远的乡下去，但是仍然在城市的范围内，一直到达某个尚未收割的谷物或稻子的田地里，我相信，没准儿我就可以靠烤的或生的玉米或稻米来过活了。

此时我已经变得很虚弱了，在向城里去的途中，我惊恐地发现，自己已经摇晃和迷糊起来了。眼前的地面似乎高了起来，路边沟里的小溪似乎在向山上流去。因此我知道自己已经饿坏了，我变得比任何时候都急切地得到我的汇款。

让我高兴的是，在第五天或第六天的早晨，当我问到有无汇款来时，一个职员答道，汇款倒是来了，但是他不能给我，因为我没有身份证明。我说，"哦，我有。请看我兄弟的信，"我把信交给他，"上面说了汇款的数目，从哪儿寄来的，送到波梯基市邮局的日子。我想这已足够证明了。"他说："不行，这还不够。我怎么知道这封信就是你的？它也许是你偷的。我怎么知道你就是约翰·缪尔？"

我说："好吧，但是你没看见这封信说明我是一个植物学者？因为我兄弟在信中说，'我希望你过得很好，并且发现了很多新的植物。'现在，你说我可能从约翰·缪尔那里偷了这封信，因此知道有一笔从波梯基寄给他的汇款。而这封信证明约翰·缪尔肯定是一个植物学者，所以，尽管像你说的，他的这封信可能被偷了，但是这个强盗是不可能窃取到约翰·缪尔的植物学知识的。我想，你当然上过学，多少也知道点植物学。就请你考考我吧，看我是否知道这方面的任何东西。"

这时他很和善地笑了，显然是被我辩解的表情所触动了，而且大概也因为我的面色苍白和饥饿而怜悯我，他转过身去，敲开了一个私人办公室——大概是管理者——的门，叫那人出来并告诉他："先生，情况是这样的，这儿有一个在本周每天都来打听有无从威斯康星寄来的汇款的男人。他在城里是个陌生人，没人能证明他的身份。他准确地说明了汇款的数目和汇款人的姓名。他还给我看了一封信，说明约翰·缪尔是一个植物学者，而且为了证明即使一个同行者会偷了缪尔先生的信，也偷不走他的植物学，所以他要求我们来考查他的植物学。"

这个局长笑了，他友好地盯着我的脸，挥了挥手，说道："让他拿走吧。"我高兴地装好了我的钱，在街上走了没多远就碰到了一个高大的黑人妇女端着卖姜汁面包的盘子，我立刻投用了一些我刚拥有的财富，兴高采烈地走着，同时一路大嚼，并不想藏匿我吃东西的快乐。然后，觉得还没吃够，于是在一个市场里找到了一个吃饭的地方，又在姜汁面包上添了一顿真正的大餐。这样，我"穿越佐治亚的长征"便在一个面包狂欢节中完美收官了。

5. 穿越佛罗里达的沼泽和森林

在我至今见过的美国人中，我最喜欢的是佐治亚人。他们有一种迷人的风度，他们的住处大多比邻州的更大和更好。无论他们的房屋和风格多么昂贵，怎样修饰，都彻底剥离了人工的重浊与考量，好像在他们的特性周遭，如自发生长一般，弥漫、交织着自然生机的韧性与魅力。不像那些新英格兰人的屋舍与风格，表现出的是一种强烈而痛苦的牺牲及训练的结果。

尤其要说的是，佐治亚人，即使是最普通的人，对生人说话时都用一种最迷人的热情方式，当他们继续其旅程时，会说："祝福你，先生！"佐治亚的黑人也特别有风度和有礼貌，并总是兴高采烈地找机会去帮助任何人。

阿森斯有很多美丽的居民区。我以前从未在一个家周围，见到那么多显然仅仅是为了美丽而做的工作，尽管这绝不是佐治亚家庭普遍的特点。在佐治亚和田纳西，差不多所有的富裕农户都纺织他们自己的布。这项工作几乎全是由母亲和女儿担承的，占用了她们大量时间。

战争的痕迹不仅出现在破碎的田野、烧毁的篱笆和磨坊，以及遭到无情毁灭的树林，还有人们的容貌表情。在一片森林被烧毁几年之后，另一代明丽而欢快的树木又会生长起来，焕发着最纯洁、最新鲜的气势；只有老树，全部或半数死亡，背负着灾难的标志。这个战场的人们也一样。在上了年纪的半耗干了的衰老父母的周围，未受惊吓、无忧无虑的年轻人幸福地成长着，而这些父母却悲哀地背负着所有文明灾难中，最长远也最残酷的灾难那不可磨灭的印记。

自从我的植物朝圣开始以来，我已经见到了很多全新的，同我过去生活中从未有联系，也不认识的植物。我见到了木兰、山茱萸、槲树、肯塔基橡树、铁兰、长叶松、棕榈、含羞草，以及皆是不认识的树木和蔓藤缠绕的浓密而茂盛的灌木森林，长满了美丽竹子的近水草地，以及满湖的莲花。对我来说，这一切全都很新鲜。然而，我仍然急于到佛罗里达这个我正在寻求的特殊的热带植物的家乡去，而且确信我不会感到失望。

在我拿到钱的同一天，我登上了塞尔湾海滨的汽船，前往佛罗里达的费尔南迪纳。白天沿着佛罗里达海岸的航行充满了新奇，并让我回忆起了在顿巴福斯湾上的苏格兰岁月[*]。

在甲板上，我曾就那些来到这儿的所有具备独特想法的白种男人脑中都会浮现的话题，和一个南方的种植园主进行了很礼貌的交谈。我还认识了一个苏格兰兄弟，他特别有趣，除了南方政治，他还有许多想法。我在汽船甲板上的半个白天和夜晚过得非常愉快，它带我经过了

---

[*] 顿巴，Dunbar，缪尔在苏格兰的出生地。1849 年，缪尔 11 岁时，随家人迁往美国。——译者注

圣约翰河河畔，佛罗里达东部

一片暗淡纠结、洪水泛滥以致无法步行的森林。

众所周知，在很短的地质时代之前，这里的海洋曾经覆盖着沙层的边缘，从阿勒格尼山脚下，一直延伸到现在的海岸线，在后退的过程中为湖泊和沼泽留下了很多盆地。土地仍占据着海洋，但并不是那么整齐划一的有规律的海岸线，而是边缘参差不齐的泻湖和河口，以及星星点点的珊瑚岛。

在海边狭长的岛屿和半岛上，生长着海岛棉花。某些小岛是漂浮在海上的，仅靠红树和灯芯草的根来固定。我们的汽船有几小时航行在广阔的海面上，曝露在它的波浪中，但它的路线多数时间是在泻湖、鳄鱼和野鸭、涉禽的家园中穿行。

10月15日　今天，我终于到了佛罗里达，所谓的"花卉之地"。这是我曾期待了很久的地方，我还曾疑惑，是否在我的一切向往和祈祷都成徒劳之后，我会在没看一眼这个鲜花乐园的情况下死去。然而，现在它就在这儿，只有几码的距离！一个平坦的水分充足、长有芦苇的海滨，以及一丛丛红树和披挂着长苔的森林，还有出现在远处地平线的陌生树木。汽船像一只野鸭一样在长满芦苇的海岛中寻找着路线，我踏上了一个摇摇晃晃的码头。没走几步我就到了一个东倒西歪的小镇，费尔南迪纳。我发现了一个烘烤房，买了一些面包，连一个问题都没问，便向有阴凉的幽暗丛林走去。

在梦中造访佛罗里达时，无论是白天还是夜晚，我总是会突然来到一个密林，每棵树都开着花并弯下来，被一丛丛光彩绚丽的蔓藤纠结成网络，灿烂的阳光从上空倾泻下来。但是，我进入的这个乐园之门并无此景象。咸水的沼泽，更多的属于大海而非大地；到处都有绿色和不开花的丛林，沉入芦苇和灯芯草的突出处；偏远处的树木，很难分辨它们的界限，它们不是起伏不定地高升起来，而是伸向了低水平的内陆。

我们大家没有吃早饭就被汽船船长放了出来，因此在碰到和检查过涌现在我周围的新植物后，我便把我的标本夹和小行囊扔到了一个灌木丛下，那里有一个由破烂的青草和树根堆积起来的干地方，有点像沙漠麝鼠的窝，可以让我吃我的面包早餐。地面和天空的一切都有一种陌生的感觉；没有一个友好的认可标记，没有一丝微风，没有一点来自我周围任何东西的令人鼓舞的同情的飒飒声，当然，我是孤单的。我躺在我的胳膊肘上吃我的面包，凝视着、倾听着这深奥的奇异感。

就在这时候，身后灌木丛中的沙沙声将我从这些纠结的愁思中惊醒。如果我的思想状态很好，而且我的身体也不饥饿的话，我会立即转身镇静地应对这个声音。但是在这种半饥饿和不友善的状况下，我不可能有健全的思想，我立即相信，这是一只鳄鱼的响声。在想象中，我可以感到它的 V 形长尾的划动，可以看到它的巨大的上下颚及一排排牙齿，它正在急促地奔向我，就和我曾在画片上看到的一样。

好吧，我不知道我的恐惧究竟延续了多长时间或者有多痛苦，不过在我知晓事实的真相时，我的那只吃人的鳄鱼变成了一只白鹤，英武潇洒，像一个来自圣灵之地的使者——"仅此而已。"我很羞愧，因此竭力要为自己寻找借口——全都是因为邦纳温特时的焦虑和饥饿所致。

佛罗里达到处都是水和连接不断的蔓藤，因此要想在无路的地方游荡，不论从哪个方向都是不大可能的。经过一个为火车头劈开的缺口，我开始跨越这个州，有时行走在铁轨之间，踏着一根根枕木，或者走在旁边的沙土带上，同时注视着那神秘的森林，大自然之所有。要描写出这幅特别朦胧的植物的画面是不可能的，这些富丽堂皇的植物是那样丰茂和深不可测。

短是我对今天步行的丈量。一种新的长藤样的草，或大百合，长在树上或蔓藤上的花，都会引起我的注意，而且会让我扔下我的行囊和标本夹，涉过咖啡色的水去采标本。我常常会沉得越来越深，直到被迫转回去，在一个又一个其他地方再做尝试。我常常会纠缠在全副武装的蔓藤迷宫之中，像一只蜘蛛网里的苍蝇。任何时候，不论我涉水，或爬树采集果实标本，这个戒备森严的灿烂植物之海都以其广袤与不可亲近性将我淹没。

荷花玉兰，我曾在佐治亚见过，但是，它的家，即更适于它的土地，是在这里。它那深绿色的大叶子，其上光洁明亮，其下锈褐斑驳，在无数攀缘而上、令人窒息的蔓藤花序中，闪烁和反照的阳光特别灿烂。果实也很鲜艳，从形状和表面来看，比柑橘还有热带色彩。它自认是其同类的王子。

我偶然来到一小块沙地，种有松树（长叶松或古巴松）。即使这些地块也极其潮湿，虽然有充足的阳光照射，并有紫色的鹿舌草和橘黄色的假紫萁来点缀。不过，在野外的这一天的最大发现是棕榈。

我遇到了那么多陌生的植物，它们使我非常兴奋，并多次停下来去采集标本。但是我无法令我的路线挺进布满沼泽的森林中去，尽管那么诱人而且充满了希望。不顾水蛇或昆虫，我一再地努力要打开一条通过纠结的蔓藤的路，但是很少能到达几百码以外的地方。

正在我想到自己仅仅走在广阔的边缘而愁闷的当儿，我看到了一株草地中的棕榈，几乎是孤零零地立在那儿。几株玉兰在它附近，还有裸露的柏树，但是它并未被它们遮住。听人们说，植物是容易枯萎的没有灵魂的东西，只有人才是不朽的，等等；但是，我想，这却是我们几乎一无所知的某种事物。无论如何，这株棕榈是不可言状地难以忘怀，它告诉我的，比我以往从牧师那里得知的更重要。

这种植物有一个普通的灰色树干，圆得像一个扫帚把，有一个由张裂开来的叶子装饰的树冠。这是一种比最谦恭的威斯康星橡树还要普通的植物，然而，不论是在风的摇动和侵蚀中，或在阳光的泰然关切和呵护下，它所表达的都是一种我整个步行中至今所见任何高级或低级的植物都不可超越的力量。

这棵棕榈，我的第一个样本，不是很高，大约只有 25 英尺，有 15 片或 20 片叶子，全都均匀地从四周弯下来。每片叶子大约有 10 英尺长，叶片有 4 英尺，叶柄有 6 英尺。叶子像半开的蛤蜊一样张裂开来，磨得很亮，因此像玻璃一样反射着阳光。没长大的叶子直立在顶部，紧紧地折叠着，全都集聚在一起，形成了一个椭圆形的树冠，热带的阳光从上面倾泻下来，并从它倾斜的镜子中反射出来，像是闪烁的火花和晶片，又像是带有长长光束的星星。

我现在置身于火热的太阳花园中，棕榈和松树在这里相遇，是我为之向往、祈福及梦中经常造访的地方，尽管今晚在各种各样的陌生者当中感到孤独。陌生的植物，陌生的轻轻吹拂着的风，低语声，咕咕声，用的是一种我从不知道的语言，还有陌生的鸟，——每一样都饱含着那种我以前未感到，或是切实的或是灵魂上的影响，我衷心感谢上帝仁慈的赐予，使我能来到这个庄严的领地。

10 月 16 日　昨天晚上，当我在那个无路的树林中时，已然十分神秘的夜晚因为深沉的幽暗而变得更加神秘，我放弃了找到食物或有床的房屋的希望，而只是想搜寻到一个能够安稳睡觉的干地方，躲开游荡的逃亡的黑人。我在一个潮湿平坦的树林里快步走了几小时，但是找不到一英尺干地方。声音空洞的猫头鹰不停地叫着。种种黑夜的声音来自奇怪的昆虫和甲虫，一个接一个，或者挤在一起。大家都有家，除了我。雅各 * 在干燥的帕丹 – 阿拉姆平原上有一个石枕头，相对而言，他

---

*　雅各，Jacob，《圣经》中的人物。——译者注

肯定是很幸福的。

当我来到一个长有松树的空地时，大约是晚上8点钟。我想，现在我至少可以找到一块干燥的地面了。但是，甚至连那不毛的沙地也是湿的，因此我不得不在黑暗中摸索了很长时间。当我的脚没踩到水时，我便用手去摸地面，最终发现了一个足以躺下来的小丘。我吃了行囊中还幸存的一片面包，喝了一些我珍贵的小丘周围的棕色的水，然后躺了下来。环绕在我四周的看不见的目击者中，最吵闹的是猫头鹰，它们发表着带着深奥重点的忧郁的讲演，但不能阻止平息疲倦的瞌睡来临。

早晨，我觉得很冷，浑身都被露水打湿了，没吃早饭便登上了行程。我享有丰盛的鲜花和美丽，却得不到面包。严重的问题在于面包是会消耗干净的，假若我还有可供分配的面包，我怀疑文明还会再次见到我的身影。我轻快地走着，同时注意有没有一户人家，以及那些新奇植物的壮丽集合。

上午将近过半时，我来到一个简陋的小屋，有一帮伐木者正在把长长的松树做成船桅。他们是我碰到过的野蛮白人中最狂野的。田纳西和北卡罗来纳山中的长头发游寇是一些不文明的家伙，而就真正的野蛮来说，这些伐木者却有过之而无不及。尽管如此，他们还是给了我一份他们的黄色猪肉和玉米糁子，既没表现出明显的敌视也无抱怨，我很高兴自己重新逃入了森林。

几小时后，我和三个人及他们的三只狗一起用了饭。我遭到了后者的恶毒攻击，它们要用它们的牙齿把我的衣服剥下来。我几乎被拽得向后倒下去，但没有被咬住。肝子馅饼、混有甘薯的肥肉布丁摆在了我面前。我吃得不多，其中的一个人对他的同伴说："哦，我猜那个人不吃了，因为他再没吃什么。我要让他再吃些土豆。"

到了一个浑浊的池塘边上，有一只鳄鱼曾在那儿打过滚并晒过太阳。一个住在这儿的人说："看，这是些什么踪迹！它肯定是个大家伙。鳄鱼打起滚来像猪一样，并喜欢躺在太阳下。我真打算给这个家伙一枪。"接下来便详细讲述了与这种带鳞甲的敌人进行血腥格斗的故事，当然，他在很多故事中扮演了重要角色。据说鳄鱼最青睐黑人和狗，自然而然地，狗和黑人也怕鳄鱼。

今天我碰到的另一个人让我看他门前的一个青草茵茵的低浅池塘。他说："在那儿我曾经和一只鳄鱼有过一次残酷的搏斗。它逮了我的狗。我听见狗的嗥叫，这是我最好的一只猎犬，因此我要设法救它出来。水只有齐膝深，我追上了这只鳄鱼。这是一只仅4英尺长的小鳄鱼，它在浅水里淹死狗的努力遇到了麻烦，我吓唬它，让它松开狗，但是在可怜的跛了脚的狗爬上岸之前，它又被捉住了。我给了鳄鱼一刀，它抓住了我的胳臂。如果它的力气大那么一点儿，它可能就吃了我，而不是我的狗。"

在我的旅途中，我仅见过一条鳄鱼，虽然据说在大部分沼泽中都有很多，而且经常是9-10英尺长。还有报道说，它们都很野蛮，经常袭击船上的人。这种低海岸缓慢水流中的独立栖息者，不能被看作人的朋友，虽然我也听说，有一条在幼年时被捉到的大家伙，得到了特别的驯养，并且被用来工作。

很多善良的人认为，鳄鱼是由魔鬼制造的，从而便说明了它们所有吃肉的嗜好及其丑陋不堪。但是，毋庸置疑，这些动物是快乐的，并且满足于伟大的造物主划分给它们的地方。在我们看来，它们是凶猛和残暴的，但在上帝的眼里，它们是美的。它们也是他的孩子，他听到它们的喊声，温柔地呵护它们，并为它们提供日常的食品。

在上帝的动物大家庭里，令人憎恶的事物的存在，肯定是精明策划的结果，正如在矿物王国里，也存在着令人反感与引人喜爱的事物的平衡一样。在我们的同情心上，我们是多么狭隘而自私自负的生物！全然不见所有其他生物的权利！我们以一种怎样阴郁的鄙视态度谈论我们平凡的生物同类！尽管鳄鱼、蛇等很自然地令我们憎恶，它们却不是神秘的恶魔。它们快乐地居住在鲜花怒放的野外，是上帝大家庭里的成员，未堕落，未败坏，它们享有的呵护和怜爱，是和恩赐给天国的天使和地上的圣人一般无二的。

我想，大部分萦绕、恐吓着我们的憎恶感，都是无知与懦弱的病态产物。当我在它们的家园看到它们后，我对这些鳄鱼的观感变好了。蜥蜴家族的尊贵代表们，你们是更为古老的生灵，我祝愿你们长久地享受着你们的莲花与灯芯草，也愿上帝保佑你们时不时地来一口恐惧人类的鲜美大餐。

今天发现了一种美丽的石松，还有很多草，在阳光照耀的干燥地方生长，这些地方被叫作"不毛地"、"圆丘"、"大草原"，如是等等。蕨类也很多。多少热量和光照像流水一样倾泻到这些美丽的空地和盘根错节的森林之中！我们说，"阳光南方的土地"，但实际上，在我们这个多样化的国家，没有哪一地区能更阴凉和更能遮挡阳光了。在北部和西部，一片片阳光照耀的平原和草原，隔断了森林的连绵，而森林本身也大多在光照之中，或者为光束直接刺穿，或者在筛滤后的轻柔中，阳光穿过半透明的树叶，照入土地与低矮的植物当中。但是在佛罗里达浓密的森林里，阳光是进不去的。它照在常绿的森林顶上，并反弹回去成为长长的银色射线，四下闪烁着。在很多地方，没有足够的阳光去滋养哪怕一片在幽暗森林地面上生长的绿叶。目所能及处，只是树枝与无叶的扭曲藤丝组成的迷宫。所有的花，所有的绿叶，所有的绚丽，都在上面的阳光当中。

佛罗里达的河流仍很年轻，在很多地方尚难以溯其源头。我早料到，这些河流的颜色由于一些植物会有点儿异样——我知道它们必定含有这些元素；我也确定在如此平坦的地方，我不会发现任何令人瞩目的瀑布或很长的激流。佐治亚北部的河流在某些地方由于丛生在边缘的蔓藤而几乎不可接近，但是河岸高而分明。佛罗里达的河流则不拥有河岸、斜坡和清晰的河道。它们深处的水像墨水一样黑，特别幽暗，水面上好像漆过一样，很有光泽。经常难以确定它们流淌或蠕动的方向，在盘根错节的树丛与沼泽中，它们如此缓慢地流动，四处皆是。这里的花卉对我比较陌生，但并不比那些河流和湖泊更加陌生。大部分河流都好像是为了远处的某种事物，经过深思熟虑，才流经一个地区的。但是佛罗里达的这些河流只待在家里，一点也没有显出要流向远方的样子，似乎根本不知道什么海洋。

10月17日　发现了一种很小的银色叶子的木兰，一种10英尺高的灌木。有很长一段路是在一片开阔平坦但很贫瘠的松树地带走过的，这个地方像威斯康星的"林间空地"一样有充足的阳光。松树都很小，它们被稀疏均匀地种植在这些刚从海中升出不久的沙质平地上。几乎见不到任何一种与这些松树相连的其他树木。但是那儿有某种很小的锯齿棕榈的树丛，和一片很壮观的高草，它们华丽的锥状花序在温暖的风中堂而皇之地摆动着，在从其弯曲的茎上射出的闪烁光影中稍有变化。

在这个花园里，在风中摆动的姿态之美上，没有一棵松树，也没有一棵棕榈，能够超越这些威严的草。在这儿，有一片花序是典雅的紫色，其他的则是像成熟的柑橘一样的黄色，草茎像钢丝一样光滑晶亮。有些品种像树一样一丛丛地分隔开来，其他的则可能没有任何陪伴地在阳光下摆动着。有些像肯塔基的橡树一样有很宽的多支的花序，其他的则是从高高的无叶的草茎上垂下的流苏状花穗。而所有这些都美得难以言状。我高兴上帝"给田野赋予了青草"。多么奇怪，我们在比较大小时，竟然看不见美和色彩、形状和动作！举个例子，我们是按照自己的身材、树木的高度和庞大来衡量青草的。然而什么是高过一棵草的最大之人或最高之树的尺寸！与上帝创造的其他万物相比，这一不同根本不足为道。我们大家都只是一些微小的动物。

10 月 18 日　我走在一片几乎是干燥的土地上。千篇一律的平坦不时地被几米高的沙浪打破。据说，在整个佛罗里达，没有一个地方是高于海平面 300 英尺的，这里的道路很少需要平整，但是在很多处，需要架桥，很多是架桥的，挖凿穿越森林的隧道。

在到达这块位于树林里一片冷清湿软的所在的空地之前，我碰见了一个身材高大、强壮有力的青年黑人，他虎视眈眈、极其好奇地望着我。当时我很渴，便问这个人在附近有没有能找到水喝的人家或泉水。"哦，有的。"他回答道，但仍急切地用他疯狂的眼睛盯着我。然后他问我从哪儿来，要去哪儿，是什么驱使我来到这样一个荒凉的地区，在这儿我可能会遭到抢劫，也可能被杀掉。

"噢，我不担心有什么人来抢劫我，"我说，"因为我没带任何值得窃取的东西。""好吧，"他说，"可是你不可能旅行不带钱。"我继续朝前走，可他挡住了我的路。这时我注意到，他在发抖，我立即明白，他正在考虑要将我击倒以便抢劫我。他凶狠地盯着我的衣袋，像是在搜寻武器；然后，他用一种颤抖的声音结结巴巴地问我："你带枪了吗？"他的动机，我应该早已注意到了，现在则很明显。尽管我并没带枪，我却本能地将我的手放到身后的枪袋里，用我的眼睛盯着他，并向前走近他，我说："我允许人们来发现我带没带枪。"他畏缩了，走到一边，让我过去，因为怕被射击。这显然是一次惊险的逃脱。

在继续走了几英里后，我来到一片棉田，以及一块块被栅栏仔细地围起的甘蔗地，还有一些带花园的样子很雅致的房屋。这些被栅栏围起的小块土地之于植物，就好像鸟笼之于鸟儿。在一家前院里发现了一种像树一样巨大的仙人掌，在沙丘上还有小型的品种。在深夜，抵达盖尼斯维尔。

在离城三四英里的地方，我注意到松林里不远处有火光。我非常渴，所以想冒险到那儿去找点水喝。我小心翼翼、悄无声息地透过草丛看那是否是行窃的黑人的营地。突然，我眼前出现了一个无论是城里，还是林间，我曾见过的照明最佳、最为原始的人类宿地。首先，那儿有一堆很大的燃烧得很旺的圆木篝火，照亮了斜逸而出的灌木和树木，令它们的树叶和小枝远比中午时分更加清晰，也同样使周围的树林更加黯沉。在这个光的世界的中心坐着两个黑人。我可以从他们的大嘴唇中看见闪烁的象牙色，他们光滑的面颊闪着光，俨若制好的玻璃。在南方之外的任何地方，这一对闪闪发光的人都可能被当作两个魔鬼，但在这里，只是一个黑人和他的妻子在吃他们的晚饭。

我大着胆子走到这一对发光的黑人夫妇面前，在被那种据说能制服狮子的绝望的一动不动的眼神盯了一会儿后，一瓢从黑暗中的什么地方取来的水递到了我手中。我在那个大火堆旁站了片刻，望着那不能再简朴的设施，问了问去盖尼斯维尔的路，这时，我的注意力被放在灰烬上的一堆黑色东西吸引了过去。这东西似乎是橡皮制成的，但在我还没来得及过多地去猜测之前，那个黑女人朝那堆黑东西走过去，用母亲的温柔口气说："来，宝贝，来吃你的玉米糁。"

　　在听到"玉米糁"时，这堆橡皮显示出了强大的活力，证明是一个强壮的小黑人男孩。他从地上站起来，赤条条地一如当年他来到地球上的模样。如果他是从沼泽的黑色污泥中浮现出来，我们大概就很容易相信，和亚当一样，他是上帝直接用泥制成的。

　　当我开始向盖尼斯维尔走去时，我想，毫无疑问，我已经来到热带，在这儿，居民们除了自己的皮肤，什么都不穿。这一风尚是够朴实的，——"没有令人讨厌的伪装"，就如弥尔顿非难衣着时所言；但是，在和大自然协调一致上肯定就不尽然了。鸟要筑巢，几乎所有的野兽也都要为它们的幼崽造某种窝；可这些黑人却让他们的年轻人赤裸裸地躺在无遮无盖的泥土之中。

　　盖尼斯维尔相当迷人，与其他村子相比，是一个沙漠中的绿洲。它的生活来源于其周围干燥地方的几个种植园，这些地方像岛屿一样高出沼泽几英尺。在一个旅店里得到了膳宿。

　　10月19日　几乎整天都走在干燥的地上。偶尔会见到石灰岩、燧石、珊瑚、贝壳等。经过了几个居民都很安逸的茂盛的棉花种植园，显然不同于我在佛罗里达的最初几天里所见的肮脏茅屋。发现了一种漂亮的小植物的独特标本，不可思议地，它令我立即联想到印第安纳的一个年轻朋友。我们的思想和印象的储存方式是多么的奇妙！对一朵鲜花的一瞥，有时可能会掌控造物所有不可一世的物种中最狂妄的那个——人类。

这里的木兰要多得多。它们形成了树丛，并几乎成为池塘边缘及河流沿岸独一无二的森林。这一高贵的树木有着平易而庄严的素朴，它平实的树叶被赋予极为丰富的色彩和形状，它伸展的枝桠装饰着优雅的藤蔓和铁兰花，它的果实华美深红，它的白色花朵富丽芳香，这些都使木兰成为佛罗里达最惹人喜爱的树木。

发现了大量美丽的蓼、豆科植物和黄色的豆科藤蔓。走过了生长着长叶和古巴松树的地区，阳光灿烂，这些树处处都有茸茸细草与一枝黄花陪伴。野生的橘林据说在这里是很普遍的，但我仅在树林里见到野生的酸橙。

大约中午时分，来到了一个茅屋。我又累又饿，因此询问能否有饭吃。在经过一番严肃的考虑之后，我被告知要等一等，饭食很快会准备好。我见到的只是一个男人和他的妻子。如果他们有孩子，也可能因为裸体而藏在草丛里。这两人都患有疟疾，而且很脏。但他们并没有因这些灾祸的任何一种而表现出任何不适的感觉。包围在这些人容貌上的肮脏，和北方普遍的肮脏不一样，不是那种像塑料或油漆一样浑然一体地粘在皮肤上，而是看起来在接触面上有点突兀，像一个模糊的、迷离的、半空的泥做封袋一样，是我所见到的最病态、最不可救药的肮脏，显然是绝对长期性的和有遗传性的。

来自这种父母的孩子要干净似乎是不可能的。光是肮脏或疾病就够可怕的，但当它们结合在一起时，便是不可思议的恐怖了。一幢为百里香和金银花的芳香环境所环绕的整洁房舍，在这里是几乎不为人知的。我见过衣服上的肮脏通常是分层次的，各个层次无疑象征着生活的不同阶段。大概，有些层次是年复一年的累积，像树的年轮一样，提供了一种确定年龄的工具。人和其他文明化的动物都是唯一可能变脏的生物。

睡在一根圆木旁的空地上。很冷，而且被露水浸透了。如果在这个幽暗孤独的夜里有一个伙伴该多惬意！不敢生火，因为怕让行盗的黑人发现，这些人——我被警告说——会为了一两美元就杀掉一个人。在入夜后走了很长一段路，曾希望发现一个人家。很渴，常常被迫去喝从草丛中摸索到的肮脏池塘里的水，同时还要担心鳄鱼出现在眼前。

10 月 20 日　在这一天的旅途中，沼泽分布非常密集。几乎连续不断的水面被水生的树木和蔓藤覆盖着。今天我涉过的河似乎没一点要表明它将流往何方的意思。看见一条鳄鱼从一根旧圆木上拍打着水面，进入路边莎草密茂的浑浊水中。

夜里到了西蒙斯上校的家。他是一位我在佛罗里达很少碰到的有学识和才智的人。他曾经是南北战争中南部邦联军队的军官，理所当然地对北方抱有偏见，但很有礼貌，对我很好。当我们坐在炉火边上时，我们谈到了一个大问题，即奴隶制及与其相关的事物。不过我偶尔也会设法转到某些更融洽的题目上，如邻区的鸟、动物、气候，及这个地区的春天、夏天和冬天之类的问题。

关于气候，我没能得到很多资料，因为他一直住在南方，所以，很自然地，看不到这种他总是很习惯的气候有任何独特的地方。但是说到动物，他立刻就来劲了，讲了很多他如何在他家周围树林里，从熊、饥饿的鳄鱼、受伤的鹿那里死里逃生的故事。"那么现在，"他说道，承蒙他的好心而忘了我来自他憎恨的北方，"你一定要和我待几天。鹿很多。我会借给你一支枪，我们一起去打猎。不论什么时候我想吃鹿肉了，我就去打猎，而且我可以很容易地从附近的树林里打到它，就像牧人从他的羊群里获得羊肉一样。我们大概能看到一只熊，因为它们在这儿远非少见，而且还有一些大灰狼。"

我表示希望看到大的鳄鱼。"哦，好吧，"他说，"我可以带你去你将看到很多这些家伙的地方，不过它们没多少可看的。有一次我看到了一只躺在安静透明的水中的鳄鱼，我想它的眼睛是我见过的所有动物中最冷酷和最残忍的，令人难忘。很多鳄鱼去到南部珊瑚礁密布的海中。这些海里的鳄鱼是最大的，也是最凶猛的，有时会攻击人们，当人们在船上钓鱼的时候，它们会试图用尾巴击打他们。"

"我希望你看的另一个东西，"他继续道，"是在一个离这儿有几英里的肥沃圆丘上的棕榈林。这个林子大约有 7 英里长、3 英里宽。地面被很高的草覆盖，没有灌木或其他树木掺和其间。它是我所见过的最好的棕榈林。我经常想，它会成为一个艺术家的很好题材。"

我决定停止交谈了——更想去看这个美妙的棕榈圆丘，而不是打猎。此外，我很疲倦，在度过那么多不平静的夜晚和白天艰苦的长途跋涉之后，希望得到点休息的想法是很诱人的。

10 月 21 日　好容易挨过我那滔滔不绝的主人的血腥狩猎故事。在用过一顿豪华的新鲜鹿肉和海鱼的早餐之后，我启程到那个大棕榈林去。在我穿越佛罗里达的旅途中，每天都曾看见这些令人目眩的太阳之子，但它们一般都是孤零零地立在那里，或者三四棵一组；而今日我要见的是按英里计算的。上校领我走了一条通过他的棉田的捷径，指给我一条去圆丘的小道。他说明了大方向，我在指南针上记了下来。

"现在，"他说，"在我最远的棉田的那一边，你将来到一个菝葜丛林，如果你能一直在小道上不迷路，你就能通过它们。你将发现，这条路是没有任何标志的，因为要越过一个宽阔的沼泽，这条小道有很多急转弯，以避开深水、倒下来的树木，或无法穿越的灌木丛。你必须多次涉水，在经过有水的地方时，你一定要注意小道在对面出现的地方。"

行进在菝葜当中，它们的强固和狰狞程度与田纳西的那些荆棘一样。顺着小路穿过了其所有暗淡的游移不定的地方，涉过很多相向的、突然自茂密幽暗的沼泽森林中出现的池塘，我终于自由地、无遮掩地站在了这个沐浴在阳光中的棕榈花园的边缘。这是一个布满青草和莎草的平坦区域，像草原一样光滑，到处都是星星点点的花朵，像一片耕地一样被一排挂满蔓藤的树木隔离开来。

这些棕榈位置宽松，似乎很为它们充满阳光的家园而欣慰。那儿不存在拥挤，没有明显的要相互超越的努力。每个树冠都得到充足的阳光，还有很多照耀在中间。我迷醉地行走其间。这是怎样的一幅景色！目所能及处只有棕榈。光滑的树干从草中升起，每一株都戴着一个有很多叶子的球形树冠，像星星一样地在阳光的照耀下发着光。其安静与祥和与我在加拿大的幽暗森严的松树林里的发现一样深邃。在这个鳄鱼的荒野中，树木，就像人们在北方快乐而健康的人居家园中，一样深刻地感受到那种满足感——上帝为他的植物子民所赋予的最好品质之一。

佛罗里达的棕榈丘

千里走海湾

令人敬佩的林奈*称棕榈是"植物世界的王子"。我知道它们具有富丽和高贵的特质，而且还有远比眼前这些更为高贵的棕榈。但是在排名上，在我看来，似乎要逊色于橡树和松树。棕榈的动态，其姿势，并不很优雅。它们最优雅的形象，是在正午的宁静与强光中全然的静止。但是在夜晚的风中，它们沙沙作响、摇摆不定。我见过姿态远为庄重的青草摆动。当看到我们北方的松树在冬季的风暴中摇摆、鞠躬之时，棕榈王子难道还能理所当然地要求它们的敬意吗？

这些棕榈聚居地成员的树干大小尺寸各异，但其华丽的树冠全都很相像。在成长中，只有末端的叶芽才会被顾及。这个品种的幼小棕榈全力从地面浮现，一簇叶子向四方弯曲，组成一个直径约 10-12 英尺的球形。外边低处的叶子逐渐变黄、枯萎并断裂，叶柄在离树干几英寸的地方直接从中折断。新叶以惊人的速度生长起来。它们最初是直立的，但随着其叶片和叶柄长度的扩展，便逐渐地向外弯下来。

新叶不断地从中心的巨大叶芽中发出，同时老叶从外边凋落。华丽的树冠因此总保持着同样的尺寸，大概比它们还在地面时的幼树稍大一点。随着这个中轴的不断运转，在直径 6-12 英寸的树干上的树冠逐渐地增长起来。这种树干从顶到底一样粗，小树则因折断的叶柄而变得粗糙。不过叶柄的残余会因为它们变老而掉落和消失，树干就会变得像车床旋过一样光滑。

在这个迷人的森林里度过了几小时后，我在入夜前便开始转回，因为沼泽和菠萝地段特别难走。离开了棕榈林，进入了蔓藤缠绕的半没

* 林奈，Carolus Linnæus（1707-1778），瑞典植物学家、动物学家和医生，奠定了现代生物学命名法二分法的基础，是现代生物分类学之父。 ——译者注

在水中的森林，我长时间地、仔细地搜寻着，希望能找到那条小道，但是徒劳无功，因为我在收集寻找植物时太不在意，结果偏移了路径。回忆起早上我曾遵循的方向，便按照指南针的方位，顺着一条捷径，开始深入到沼泽。

我自然被搞得精疲力竭，我得从盘根错节，或倾倒、或直立、或半斜的树木和灌木中挤过去，更毋庸说那纠结在一起的藤蔓——它们成簇地紧连在一起的、长矛似的针刺，与它们的长度及花朵的数目一样非同小可。但这些都并非我的最大障碍，满是枯叶和鳄鱼的池沼也不足道。最让我恐惧的是那大片的菝葜。我知道我要在天黑之前找到一条小径的狭窄豁口，否则就得和蚊虫及鳄鱼一起度过一夜，没有食物也没有火。整个距离并不很长，而且一个在开阔的树林里的旅行者也不会想到，在这些遍地荆棘、四处是水的南方丛林中，会有如此不正常的无路可走的奇怪困难，尤其是在一片昏暗之中。我奋力搏斗着，并保持着我的既定方向，只有在某棵特别不一般的植物吸引我去采集标本，或者不得不绕过一堆树木或是很深的泻湖或池塘的时候，我才会稍有偏离。

在跋涉中，我从未试图保持我的衣服干燥，因为水太深了，而且必须的小心会花费太多的时间。如果我被迫涉过的水是透明的，就会减少很多困难。但在现在的情况下，我就总会想到我的双脚会踩在一条鳄鱼身上，因此一开始就得特别小心。昏暗的水导致焦虑，其部分原因还在于我无法判断水的深浅。在很多地方，在我跋涉了40-50码后，又被迫转回去，然后再试验20次，才得以越过一个泻湖。

最后，在跋涉、滚爬了几英里后，我到达了以坚固的方阵守卫着整个森林的巨大菝葜营地，它挡住我的去路，无法判断上下的距离。唉，我早上走过的小道找不到了，而黑夜就要降临了。我徒劳地爬来爬去，想找到一个出口。那儿甚至连一块在上面休息的干地方都没有。到处都是很长的弯到满是水的沼泽中的藤蔓和灌木上空的菝葜，其间连站立的地方都没有。我开始想要不要在树上造一个台架，以便休息和度过这个夜晚；但是最终还是决定再做一次不惜代价的努力，去找那个狭窄的小道。

在镇静下来，集中精力回忆了我的路线之后，我朝着左下方的菝葜行列作了长时间的探索。在攀爬了一英里或更长的距离之后，大汗淋漓并满身血污的我发现了那条神赐的小道，遁入了干燥的地面，见到了亮光。日落时到了上校家。喝了牛奶，吃了玉米饼和新鲜的鹿肉。我的运气和森林知识受到了赞赏。但很快，在晚饭后，我便沉入了梦乡，疲倦而安稳。

10 月 22 日　今天早上我很容易地被上校和一个在这里过着田园生活的前法官劝服，和他们一道去猎鹿。在一片野草离离、开满鲜花的荒原上的漫游令人愉悦。惊动了一头鹿，但是未发一枪。上校、法官和我站在鹿可能经过的不同位置上，上校的一个兄弟则进入树林将鹿从隐蔽处引出来。他引出来的这头鹿去了不同于过去这种老公鹿所采取的为人所知的方向，结果成为那头"该死的永远射杀不到的鹿"。在我看来，这像是一桩为了运动而屠杀上帝的畜牲的该死工作。"它们是为我们而造的，"这些自诩为传道者的人说，"为我们提供食物，提供消遣，及其他尚未发现的用途。"而事实是，如果一头熊成功地制服了一个倒运的猎人，那么，我们也可以从熊的角度上说："人和其他的两足动物都是为熊而造的，并为有那么长的爪和牙而感谢上帝。"

让一个基督徒猎人到上帝的树林去猎杀其保管良好的野兽，或野性的印第安人，这没有问题；然而，如果让这些理所当然地注定成为牺牲品的某个大胆代表闯入房屋和田野，杀死看似神祇一般的直立杀手中最无足轻重的一个，——啊！那可是真正恐怖的异端了，如果是印第安人，那就是残忍的谋杀了！哦，我对文明人自私的正当性鲜少同情，而且，如果在野兽和人类大人们之间发生种族战争，我将倾向于同情那些熊。

6. 锡达礁

10 月 23 日　今天，我到达大海。当我还在很多英里以外的棕榈林里时，就已经感到了海上带咸味的微风。尽管我已经多年没吹到海风了，这时却突然回忆起了顿巴，它那布满礁石的海岸、风和波浪。我的整个童年，似乎本已完全消失在新大陆了，现在却由于来自海上的一丝微风，在佛罗里达的森林中间回归了。棕榈、铁兰以及千万朵鲜花，包括我在内，都被置之脑后了。我能看见的只是红藻和其他海草，生着长翅的海鸥，福斯海湾的巴斯岩，古老的城堡、学校、教堂，以及寻找鸟巢的漫长乡间漫步。我现在敢肯定，来自枯干的非洲沙漠的疲惫骆驼也会感觉到尼罗河。

那些曾震颤过一个人生活的所有印象都是不朽的！我们不可能忘记任何事。记忆可以逃离意愿的作用，可以沉睡很长时间，但是一旦为适当的影响所唤醒——哪怕它轻如幻影，这些记忆的桩桩件件便都恰如其分地、活生生地闪现出来。在十九年里，我的视野一直被森林所束缚，但今天，当我从众多的热带植物中走出，凝视着墨西哥湾，它向外伸展，毫无束缚，直到天边。当我站在岸边，注视着这个光洁的无树平原之时，脑海中浮现出怎样的梦想和要思考的问题啊！

不过就在这个海边，我遇到了困难。我已抵达了无法涉水而过的地点，而锡达礁是一个空港。我是否应该继续往南走到半岛，去坦帕和基韦斯特？在那里，我肯定会发现一条去古巴的船。或者，我就在这儿等待，像鲁滨逊一样，祈祷一只船的到来？带着满脑子的这类想法，我走入了一个小商店，它做着很大的奎宁及鳄鱼和响尾蛇皮生意，在那里我咨询了有关船只与旅行方式的问题。

商店主人告诉我，这个村子附近的几家木材场中的一间还在运营，有一艘包赁的运载木材的帆船，去往得克萨斯的加尔维斯顿，估计正在这些木材厂装货。这间木材厂位于沿海岸的狭长地段，离锡达礁有几英里，于是我决定去见它的主人——霍奇森先生，弄清楚关于可能有的帆船的详细情况，如它上货的时间，我是否能成为它上面的乘客等。

在工厂里找到了霍奇森先生。我讲述了我的情况，他非常友善地提供了我想得到的资料。该船很有可能两周后出发，我决定等待，然后随它前往得克萨斯的鲜花满地的平原，在我的想象当中，从那里的任何一个港口，我都能很容易地找到去西印度群岛的途径。我同意在霍奇森先生的工厂里工作两周，直到启航，因为我几乎要没钱了。他邀请我到他宽敞的家中。它占据了一个贝壳礁岩的小山，俯瞰着海湾的美丽景色和珍珠般的棕榈小岛，它们被称作"keys"，像巨大的花束一样点缀着海滨，不过，就宽阔的水面而言，并不太大。霍奇森先生的家人热情而自然真诚地欢迎我，这在南方人中的较高阶层是很典型的。

在木材厂，有一个新盖子放置在一个主要的从动滑车上，是用粗糙的厚板制成的，因此必须被卸下来磨光。霍奇森先生问我能否做这件事，我告诉他可以。我将它固定起来，用一把旧锉刀当工具，然后指示工程师发动引擎，慢慢转动；将滑车翻过来并让它牢靠之后，我将一把锋利的小刀放在一把普通的木匠用的刨子上，很快就完成了这项工作。在为雇员提供的宿舍里，我被分配了一个床位。

第二天，沿着海岸采集植物的时候，我感到一种莫名其妙的麻木和头疼。心想在盐水里洗个澡会让我恢复精神，因此我扎进水里，游了一段距离，但好像只是让我感到更糟。我觉得非常想吃点酸东西，于是转回到村里去买柠檬。

这样一来，我的远足就被打断了。我曾想，几天的航行就会将我送到得克萨斯的著名花床之中。但是，期待中的帆船来了又走了，正是在我无依无靠地发高烧的时候。实际上，就在我到大海的那一天，已经开始感到身上像灌了铅一样沉重；三天里，我一直坚持着并试图甩掉它，我在海湾洗澡，拖着自己在棕榈、植物和海滨陌生的贝壳当中转悠，并且做点工厂的工作。我不害怕任何严重的疾病，因为我以前从未害过病，因此也不愿意注意自己的感觉。

但是，这种感觉越来越重，并且烧得越加厉害，很快我就没有力气了。在我到达的第三天，我什么食物都不能吃了，只渴望酸的东西。锡达礁仅有一两英里之遥，于是我设法走到那儿去买柠檬。在回去的路上，大约是下午时分，高烧像风暴一样袭击了我，在我摇摇晃晃地走到工厂的半途中，我毫无知觉地倒在了矮小的棕榈树中的小道上。

当我从高烧的昏睡中醒过来的时候，星星正在闪耀，我弄不清小道的方向，但幸运的是，后来也证明，我的猜测是正确的。随后，在只走了约 100 码之后，我便又一次次地摔倒在地，我小心地躺下来，让我的头朝着我想应该是通向工厂的方向。不知有多少次，我爬起来，摇摇晃晃的，然后又摔倒，处在不省人事的昏迷之中，喘息着，打着寒战，间或有点儿意识。就这样，直到午夜后，过了很久，我才到了工厂的宿舍。

警卫在巡逻时发现我躺在楼梯角的一堆锯末上。我求他帮我上楼睡到床上，但他认为我不过是喝醉了，因此拒绝帮助我。厂里的雇工，尤其是星期六的晚上，经常醉醺醺地从村里回来。这是警卫拒绝的原因。我觉得必须上床去，因此用手和膝盖爬过去，经过拼命的挣扎后倒在了床上，接着立刻便什么都不知道了。

我醒过来了，不知是哪一天的哪个时刻，只听到霍奇森先生问我身旁的一个看护，问我是否已经讲话了。当他知道我还没说话时，便说："好吧，你必须继续给他服奎宁。我们所能做的只有这点了。"我永远都不知道我究竟昏迷了多久，但肯定已经有许多天了。某时或者某刻，我被放到马上，从工厂区搬到了霍奇森先生的家。在那里，在无微不至的关怀下，我被看护了大约三个月。毫无疑问，我的这条命是靠霍奇森夫妇的技巧和照看才得以保全下来的。通过奎宁和甘苯——量实在太大了——以及另外一些温和的药物，我的疟疾高烧变成了伤寒症。我夜间盗汗，两条腿因为浮肿而变得像黏土一样坚硬的柱子。这种情况一直持续到元月，这是一段令人厌倦的日子。

一旦到我能够下床时，我便慢慢地走到树林边，日复一日地坐在挂着苔藓的槲树下，观看着鸟儿们在退潮后的海边觅食。后来，当我有了点力气时，我便乘一艘小艇，从一个小岛航行到另一个小岛上。在这里，几乎所有的灌木和树木都是常绿的，而且有几种较小的植物在冬天也开花。锡达礁上的主要树木是杜松、长叶松和槲树。后者，无论是活着或已死亡，全都垂挂着沉重的长苔，和邦纳温特一样。叶子是椭圆形的，长约两英寸，宽有四分之三英寸，正面是光亮的深绿色，背面苍白。树干通常有数根，非常坚硬，绝对无法劈开。反面的那一页上画的样本是长在霍奇森先生家院门前的一棵槲树。*这是一棵巨大的老槲树，远在西班牙的造船者砍倒一棵这样高贵的树种之前，它的树冠便已在天空中熠熠生辉。

这些岛上的槲树领地为长叶松和棕榈所瓜分，但是在陆地的许多地方，有大片的区域被它们绝对占据。和邦纳温特的槲树一样，它们让其上边的那些伸展出来的主枝，与蕨类、青草及小的锯齿棕榈等丛生在一起。这儿还有一种矮小的槲树，组成了稠密的丛林。然而与威斯康星不同的是，这个岛上的槲树并未长在草坡上，而是淹没在盛开的铁兰、石南等植物中，直至树冠。

在我逗留在此的漫长康复期内，我曾镇日躺在这些大树宽阔的臂膀下，倾听着风声和鸟鸣。附近的海边，有一个宽阔的浅滩，每天在退潮后便显露出来。这是一个为千万只大小不同、羽毛各异、叫声不一的水禽提供食物的场地，当这些鸟每天聚集在这个大家庭的餐桌前，大嚼为其准备的充足的面包时，那真是一幅生动和喧闹的画面。

它们在涨潮时的闲散时光是按不同方式和不同地点度过的。有一些成群地去到海岛周围的芦苇边缘，或涉水，或站在四周不停地吵闹游戏；偶尔，也会发现一大口散落的吃食。有一些则站立在孤独海滨的

---

* 在原日记中。——作者注

红树林上，不时地扎进水里捉鱼。有一些则远飞到内陆，直到小溪和港口。个别年老孤独的苍鹭，神情庄严，双翅紧收，隐退到最喜爱的槲树当中。我高兴地注视着这些年老的披着纯色羽毛的白衣圣者，它们直立着，用假寐打发着潮水涨落之间的无聊时光，并被乱糟糟的长苔遮蔽着。从黑暗的洞穴中梦幻般地凝视着的白胡子隐者，似乎也不能比它们更为庄重，或更适当地遮掩在其他同类之外吧。

这些海岛上有特点的植物之一是西班牙矛，是麟凤兰的一个品种，约8-10英尺高，完全长成时，茎干的直径有3-4英寸。它属于百合科，由顶端的芽孢发育成棕榈的样子。肥硕的叶片非常坚硬，顶端锋利如矛。靠近这样一片叶子，一个人有可能被严重刺伤，就如靠近一支军用长矛一样。可怜那些在天黑以后还敢从这些武装好的警卫中穿越赶路的漫游者！很多像猫一样的植物种类会抢劫他的衣服，抓伤他的肌肉，矮小的棕榈会锯他的骨头，而这种西班牙矛将会滑到他的关节和骨髓中，全然不考虑神圣的人类何如。

这些可爱的海岛的气候只有炎热的夏季和温和的夏季之分，在时间上正好与北方的夏季和冬季相合。天气在两个夏季之间的结合点之内顺利地运行着。很少有咆哮、无常的风暴。现今，在12月份，阴凉处的平均气温约65华氏度，然而有一天，有一点潮湿的雪飘落下来。

锡达礁的直径在2.5-3英里，其最高点超过潮水平均面44英尺。它被许多其他的岛屿环绕着，很多岛屿看起来就像一丛棕榈，被布置成一个精致的花球，放在海里保持新鲜。另一些则漫布着槲树、刺柏，与蔓藤漂亮地连接在一起。还有一些是由贝壳组成的，有几种草和红树，边缘有灯芯草所环绕。那些边缘有芦苇装饰的海岛是无数水禽和潜水

佛罗里达的菩提树岛[*]

鸟最喜爱的安全岛，尤其是那些鹈鹕，它们经常像泡沫一样让海滨变成白色。

　　观察这些来自树林和芦苇岛的鸟类是很令人愉悦的。鹭白得像浪头，或蓝得像天空，在和风中扇动着宽大的翅膀；鹈鹕来时带着准备盛满的篮子，空中飞舞着各类较小的水手，如燕子般迅疾；在为它们提供饭食的自然大家庭的餐桌上，它们文雅地各安其位。幸福的鸟儿！

　　反舌鸟在形态上很优雅，而且是一个出色的歌手，外表朴素，做派随意，经常像知更雀一样到门槛前啄食面包屑——一种高贵的鸟，很受

* 选自缪尔旅行中的手绘草稿。

大家的喜爱。冬天有很多大雁，与黑雁有联系，是些我在北方从未见过的物种。还有大群的知更雀、晨鸽、蓝知更雀及令人快乐的长尾鸟。大量的小鸟都是出色的歌手。这儿也有乌鸦，有一些的叫声是异域的声调。我所观察到的普通美洲鸫，最南边的和佐治亚中部的一样。

对面页上所画的菩提树岛，是佛罗里达在这部分海岸线上的岛屿中的一个很好的样本。另一页上画的是一种碎片仙人掌[*]，即霸王树，出自前文提到的岛屿，那里有很多。它们的果实有一英寸长，被收集起来并制成果酱，是某些人所喜爱的。这个品种形成多刺的不能进入的丛林。我测量的一个分节有 15 英寸长。

佛罗里达的内陆不如这些海岛有益健康，但是无论是这个海岸，或是横扫马里兰到得克萨斯的宽广边界的任何部分，都不能免于疟疾。这个地区的所有居民，无论是黑人或白人，都很容易被不时的发热和疟疾所击垮，至于瘟疫霍乱和黄热病则更不在话下，它们像风暴一样突然地来来去去，让大量人口奄奄一息，并像森林中的飓风一样切断其生存的途径。

我们被告知，世界是特别为人创造的，这是一个没有任何证据的假设。很多人，每当他们发现在上帝的寰宇中，有任何东西，无论其死活，无法被食用，或者以他们称之为有用的某种方式来使用时，他们便感到痛苦地惊骇。他们以精确教条的眼光来看待造物主的意向，因此，他们很难对将其上帝视为任意某种异教崇拜偶像的不敬心理感到什么愧疚。上帝被认为是一位安分守己的文明绅士，或青睐政府的共和形式，或喜欢一种有限的专制；他信任英国的文学和语言，是英国宪法和

---

[*] 在原日记中。

主日学校及传道士社会的热情支持者；是一个与任何半便士剧场的木偶全然一样的机器物件。

当然，带着这样一种对造物主的看法，那种对造物所持的错误认识也就不足为奇了。譬如说，在这种循规蹈矩的人看来，羊，就是一个很简单的问题——"为我们"提供食品和衣着，它们按照神的旨意，为了天定的目标，吃草和白雏菊，而上帝之所以认识到人们对羊毛的需要，则是因为伊甸园食吃苹果的事件。

在同一幅欢乐的设计当中，鲸鱼是为我们提供油脂的贮藏室，一直协助星星照亮黑暗的道路，直到发现宾夕法尼亚的油井。在各种植物当中，大麻纤维——更毋庸提谷物，是注定为船只索具、捆绑行李、吊死恶人而存在的显例。棉花则是为衣着而生的另一个明显的例子。铁是为制造锤子和犁，铅是为制造子弹；它们都是为我们而创造。还有那些林林总总无关紧要的物事都是如此。

但是，是否我们应该问问这些上帝意愿的绝妙诠释者，当如何解释那些食人的动物——狮子、老虎、鳄鱼——怎么会突然向活生生的人张开它们的大口呢？那些形形色色的毁掉劳工，并且吸食他们血液的有毒昆虫又是怎么回事？难道人们无疑是作为它们的食物和饮品而造的？啊，不！绝对不是。这是一些与伊甸园的苹果和魔鬼相关的无解疑难。为什么水会淹死它的主人？为什么那么多矿物会毒死他？为什么那么多植物和鱼是致命的敌人？为什么万物的主人同其臣属一样要屈从于同样的生命规律？哦，所有这些东西都是邪恶的，或者在某种角度上是和第一座花园*相关联的。

---

*　指伊甸园。——译者注

所以，这些有远见的导师们似乎从不晓得，大自然创造动物和植物的目的，可能首先是为了它们每一个个体的幸福，而非让所有一切仅仅为了其中一个的幸福而造。为什么人就应当认为自己的价值不仅仅是一个巨大造物整体中的某一微小部分？在上帝不辞辛劳地制造出来的所有生物中，又有哪一种对这个整体——宇宙的完整性而言，不是必要的？没有人，宇宙将是不完整的；但是，没有了那些栖息于我们自以为是的眼睛与知识之外的最小超级微生物，世界也是不完整的。

　　造物主用地上的尘土，用最普通、最基本的储备创造了人类（*Home sapiens*）。用同样的物质，他又创造了所有其他的，无论是对我们而言，如何有害或无关紧要的生物。它们是地球生成的伙伴，是如我们一样的生物。那些捍卫现代文明辛苦拼凑解释的正统人士，那些恐惧上帝惩戒的好人们，将每一种超越我们本身这个物种表皮界限的丝毫同情，痛斥为"异端"。人类不仅仅满足于对尘世一切的所有权，而且还宣称，在天国中，他们是唯一拥有为这个无法估量的帝国所设计的灵魂的种类。

　　这个星球，我们自己的好地球，在人被造出之前，就已在天庭中畅游了无数圈，而整个生物王国也远在人类出现宣称对它们的拥有权之前，便已快乐地自生自灭。当人类在造物的设计中扮演他们的角色之后，他们也同样可能无声无息、波澜不惊地消失。

　　人们认为植物只有模糊的、不确定的知觉，而矿物则根本毫无感知。然而，为什么不可能是，即使某种矿物物质的组合也被赋予某种知觉，而它是当我们处于自我盲目排异的完美性当中，无法交流的知觉？

　　不过我离题了。我在前一两页中陈述的是，人声称地球是为人而创造的，而我则要说，恶毒的野兽，多刺的植物，以及地球上某些地区的致命疾病证明，整个世界并非为人而创造。当一只来自热带的动物被带到高纬度区，它可能因寒冷而死，我们就会说，这种动物从来就不是为这样严酷的气候而生的。但是当人自己去了一个热带的疾病区，并且因此而死，他就不能意识到，他从来就不是为这种致命的气候而生的。不，他宁愿诅咒导致这种艰难的祖奶奶，虽然她可能从未看见过高烧病区；或者他会考虑这是神对某种自创原罪的惩罚。

而且，所有不能吃的和不能开化的动物，以及所有带刺的植物，根据僧侣们的密室研究，都是需要经受普世宇宙行星燃烧净化的可恶的魔鬼。但是与任何其他生物相比，人类有其需要燃烧，因为其很大部分是邪恶的；所以如果那个超凡的熔炉可以被采用和操作，以至能将我们和地球上的其他生物一起熔解并净化为一体，那么这个反复无定的人类的炼狱倒是一项应当衷心祝福的圆满成就。但是，我还是很高兴离开这些教会的火堆和愚蠢的错误，欣然回归到大自然不朽的真实和永恒的美丽之中。

7. 在古巴的停留

在元月里的一天，我爬到屋顶上去看这片满是鲜花的土地上的又一次美丽的日落。眼前是墨西哥湾的一片清水，一线森林覆盖的海岸，伴有宁静的贝壳和珊瑚组成的海岛，还有五彩缤纷的天空，没有使人恐怖的乌云。和风习习，静谧的天国和那棕榈的海岛及其周围的水一样深长。在我注视着一个个棕榈覆盖的海岛，笼罩在夕阳浸染的穹顶之下，我的视线正巧落在了一艘扬基帆船上的飘动着的船帆，它穿行在珊瑚礁中的航道里，驶向锡达礁的港口。我想："就在那儿，我大概可以在那只白色的美丽飞蛾中航行。"后来证实，这是一艘叫作贝利岛号的帆船。

在它到达不久之后的某一天，我穿过小岛来到港口，因为我当时已强壮到能够走路了。一些水手上岸取水。我等到他们的桶装满后，和他们一起到了船舱。确认了这艘船准备载着它的货物——木材驶往古巴。我用 25 美元预订了船票，并问那位容貌严厉的船长，他将何时启程。他说："只要我们有了北风就出发。我们曾经碰到强烈的北风，但当时我们并不需要；可现在我们碰到的是从南方吹来的该死的微风。"

我急忙回到住处，收拾起我的植物，向我的好心的朋友告了别，便登了船。很快，好像要抚慰那位船长的抱怨似的，北风之神卷着浪花呼啸而来。这艘小船迅速地调整好方向并准备就绪，诱人的船帆展了开来，就像一匹狂喜地奔向战场的战马，立刻冲入到它的海洋家园。一个接一个的海岛很快就模糊了起来，沉入地平线下。船行入海洋深处，水变得湛蓝；几小时后，整个佛罗里达都消失了。

这次海上旅行，是我在森林中度过了 20 年后的第一次，自然非常有趣，我充满了期待，很高兴再次开始我往南方的旅行。北风逐渐增强，贝利岛号则在速度上显得尤其优越，像一只海鸟一样优雅地展翅翱翔。不到一天，我们的北风逐渐增强为风暴。深远和广阔的海面变成了一道道山谷，而且那本是圆平的海浪都被高高地掀了起来。飘扬的三角帆和斜桁顶帆被降了下来，主帆也被卷起，甲板因为拍打着的浪花而成了白色。

"你最好到下面去，"船长对我说，"墨西哥湾流由于风的阻挡正在升高成大浪，你会很难受，陆上的人是不可能忍受很长时间的。"我回答说，我希望风暴将严峻到他的船能够忍受的程度，而我是那么喜欢这种场面，因此我不可能感到难受。况且我在森林里等待了那么长时间，就是期望有这样的风暴，所以，现在这么珍贵的事情发生了，我要留在甲板上欣赏它。"好吧，"他说，"如果你可以忍受，那你就是我所见的第一位能忍受的陆上人。"

我留在甲板上，紧抓着一根绳子，以免被风浪打入海中。在贝利岛号豪迈地向前行进时，我注视着它的动静；但是大多数时候，我的注意力都被引入飞溅着泡沫的浪头的壮丽画面之中。风发着神秘的声响，现在既不带有鸟鸣，也无棕榈和馥郁的蔓藤的飒飒声。猛烈的茫茫一片的高浪和乱搅在一起的海水说明了它所肩负的责任。在这些壮观的波浪的姿态中，我所看到的不是奋斗，不是狂暴，整个风暴显然都是由大自然的美及和谐而激发的。每个波浪都像森林湖泊的涟漪一样温顺和协调，天黑以后，所有的海水都像银色的火一样闪着磷光，一种灿烂的光。

我们遭遇的强大风暴，对我来说，太短暂了。清晨，古巴滚动的波浪已隐约显现在白色海面的上方。习惯于发现模糊陆地边界的水手们，指出了位于莫罗堡背面的著名导航港口标志，而我则过了很久才透过飞溅的浪花看见了它们。我们往陆地方向航行了几小时，雾蒙蒙的海岸逐渐变得比较有陆地的样儿了。一群船正在离开哈瓦那港，或者和我们一样，正在设法进港。不久，我们的船在莫罗堡的避风处张起了风帆，一群穿着讲究的制服的人上了船，他们温和而又表情丰富地提出了各种问询；在此期间，我们忙碌的船长几乎没注意他们，只一味地对他的水手们发着指令。

这个港口的颈部很窄，没有一艘蒸汽拖船的帮助是不大可能驶入指定的抛锚地点的。我们的船长本希望省点钱，但在做了很多无用的试探后，还是被迫接受了汽船提供的帮助，然后我们很快就到了我们风平浪静的海港中部区域，在来自各个海洋的各色船只中抛了锚。

距离陆地仍有四五百码，我能肯定眼前没有植物，除了香蕉树和棕榈弯曲的长叶旗帜，它们在莫罗山上展示着风采。当我们接近陆地时，我观察到，在某些地方清晰地显示出黄色，在我们离得还较远时，

莫罗堡和哈瓦那港入口

我曾怀疑这是不是土地或大片鲜花的颜色。从我们在港口的驻处，我现在可以看到，这是植物的金色。在这个港口的一边，是这些黄色植物的城市；另一边，则是一个由逼仄混乱地挤在一起的黄色灰泥房子构成的城市。

"你想上岸吗？"船长问我。"是的，不过我希望到这个港口的植物那一边去。"我回答道。"哦，好吧，"他说，"现在和我一起走。在这个城市里有一些美丽的广场和花园，长满了各种各样的树和鲜花。今天看这一些，然后哪天我们大家和你一起去莫罗山，去捡贝壳。那边有各种贝壳；不过你看到的这些黄色的山坡全都被野草覆盖着。"

我们跳进了一只小船，两名水手将我们划到了挤满人的热闹的码头上。这是星期六的下午，是哈瓦那一周里最热闹的日子*。上午有大教堂的钟声和祈祷声，下午则是剧院及斗牛的铃声和吼叫声！对圣人和圣母的低声祷告之后，紧接着就是对公牛和斗牛士发出的赞美和谴责声！我吃了很多美味的橘子、香蕉和其他水果。菠萝是我以前从未尝过的。在狭窄的街道周围转来转去，被各种古怪的声音和景象弄得晕晕乎乎；在漂亮的鲜花盛开的花园广场中凝望，然后，又在一些装好箱子的货物中等待，直到我们的因生意而耽搁的船长到来。很高兴又回到了我们的小船贝利岛号，很疲倦，同时又满载着兴奋和诱人的水果。

夜晚来到时，无数的灯火点缀着这个巨大的城市。我现在已经置身于我所梦想的地方之一——美丽的西印度群岛。但是，我的问题是，我怎么才能摆脱这个大城市的纷扰？我怎样才能在这片令人愉快的土地上接触到自然？在求教地图的时候，我向往着攀登这个岛上的中央山脉，并顺着它穿越其所有的森林和山谷，并翻过它的最高峰，全程大约有七百或八百英里。但是……，唉，尽管已经摆脱了佛罗里达的沼泽，发烧还是让我很难受，在城里走了一英里就使我精疲力尽了。天气也是难以忍受的酷热和闷湿。

1月16日　自我们到达以来的几天里，太阳每日都晴朗无云地升起，并洒下纯粹的金色，灿烂而夺目，通常有一两个小时。然后，一团团像岛屿一样的白边的积云突然出现，变成了暴雨，几分钟之内，温热的倾盆大雨一泻而下，同时伴随着强风。接着是短暂的安宁，带有云彩

---

* 1868年元月12日。——译者注

的天空，欢欣的芳香的鲜花；但是空气又变得热起来，潮湿而气闷。

这种天气，很容易就能察觉到，对于一个衰弱和发着烧的人来说是非常严峻的。我曾十来次强行爬过莫罗山并沿着海岸向北收集贝壳及花卉，之后，我只得难过地承认，热情已经不足以让我走到内陆了。因此，我必须把自己的研究限制在哈瓦那的10-12英里之内。帕森斯船长让我将他的船作为我的根据地，而且我的虚弱也不允许我在岸上过夜。

我在这里度过的近一个月里，每天做的事情大致如下：

早饭后，一名水手划船将我送到港口北边的岸上。几分钟的步行就经过了莫罗堡，走出了城市，并来到一个广阔的仙人掌公地，差不多像佛罗里达的丛林一样僻静和杳无人迹。在这儿，在无数的植物和沿岸的贝壳中间，我曲曲弯弯地走着，并搜集着标本，之后便停下来压制那些植物标本，并在成堆的藤蔓和灌木丛的阴凉处休息。直到愉快的时刻悄悄地溜走，我才不得不回到船上。有时有一位水手专门来接我，有时我则雇一只小船送我回去。到达后，我伸出我的标本夹和大把的鲜花，在些微的帮助下爬上我的漂浮的家。

晚饭和休息后恢复了精神，我便重温自己在藤蔓丛里，仙人掌林里，向阳花沼泽里，以及沿着海滨的碎石中的经历。我的花卉标本，以及成袋的贝壳和珊瑚也必须重新检视。接下来是在甲板上度过的凉爽梦幻的时刻，在城市的灯光和各种船只的出出进进之中。

很多奇怪的声音传入耳中：强大的不受压抑的钟声，来自城堡的大炮的沉重轰鸣声，以及哨兵在标准时间的呼喊。这些声音结合在一起，搅成了一团连续不断的刺耳嘈音，是我注定非听不可的。九点或十点时，人们会发现我已经睡在一张小床上了，耳边响着外面港口波浪的拍打声。整夜都在做梦，酷热，在无法解开的蔓藤中的无效的努力，或从弯弯曲曲的碎石中跑回莫罗堡，等等。我的白天和黑夜就这样度过。

偶尔，我会在船长的鼓动下，在夜晚从他这一侧的港口上岸，约有两三位船长相伴。上了岸，并告诉那个水手什么时候来接我们之后，我们便雇一辆马车，驾着它去城市的北边，一个很漂亮的广场，有带阴凉的步行道和壮观的植物。一支制服鲜明的铜管乐队吹奏着金戈铿铿的典型西班牙风格的军乐。夜晚是贵族们驾车穿行于街道和广场的时髦时刻，是唯一令人兴高采烈的凉爽时间。我在别的地方从未见过人们穿得如此雅致和适宜。高傲的上层家庭的古巴人，完全可被称作是美丽的，大小适中的带着高贵气质的容貌，被丝质宽大的服装衬托得特有品味。奇怪的是，他们的娱乐却很低俗。斗牛，使人头脑欲裂的撞钟，刺耳的不自然的音乐，似乎很对他们的口味。

哈瓦那贵族的阶层和财富，当他们驾车出来时，似乎是以他们的马与车身的距离显示出来的。阶层越高，马车的车辕也越长；而更笨更重的是车轮，就像一架炮车的轮子。有几辆马车的车辕有 25 英尺长，一个穿着华丽制服的黑人驾着头马，距车辕又有二三十英尺，已经超出听到主人声音的距离。

哈瓦那的公共广场很多，当我在这个大城市里四处随意漫步时，我发现它水源充足，管理良善，绿化很好，到处都有非常艳丽和有趣的植物，有些甚至在这个用之不尽的奢华的古巴也是很稀有的。这些广场也有很美的大理石雕像，在广场的阴凉处设有座椅。很多步行道是由碎石铺就的。

哈瓦那的街道弯曲错综，而且超级狭窄。人行道大约只有一英尺宽。当一个旅行者由于行进在这个狭窄昏暗的黄色城市而感到燥热难熬、疲惫不堪时，当他设法逃离人群、骡子、破旧的运货车和马车的杂乱，将会感到真正的快慰——他终于在一个宽阔的、清凉无尘、布满鲜花的广场里，发现了一个庇护所；特别是当他从所有的喧嚣和这些小巷似的街道中出来时，他突然发现自己置身于海港当中，沉浸在海风的强劲吹拂之中。

我观察到的比较好的房子内部令我惊讶：入口和大厅里满是大量粗矮的极不匀称的柱子，以及围起来的显得很广阔的方形花园和庭院。古巴人在我看来一般都是很有教养，很有礼貌的，社会也很和谐；但是，他们对待动物却很残忍。在我待在这儿的几星期里见到的对骡子和马的残忍现象，比我有生以来在其他地方所看到的还多。活鸡和猪的腿被绑在一起，吊在骡子上运往市场。就他们对待各种动物的态度而言，他们所考虑的似乎只有冷酷自私的利益。

在热带地区，建立城镇是很容易的，但是要制服其有武装的和联合起来的植物居民，并且清理田野和让它们生产大量的面包就难了。温带地区的植物居民，力量薄弱，没有武装，也未联合，在羊群、牛群和人的践踏下消失，把它们的家园留给了能驯服的植物，它们按照人的意愿为人提供食物。热带的武装和联合起来的植物则坚守住它们合法的植物王国，而且自最早的上帝的子民出现以来，它们都不曾遭遇失败。

古巴大量的野生植物区域都在哈瓦那周围。从码头步行 5 分钟，我就可以到达不受干扰的大自然之所在。我漫步研究的大片原野是一块狭长的岩石公地，很安静，并且罕有人迹，除了偶尔有一个乞丐在大自然的门前来讨要少量植物的根和种子。这片天然的狭长地带沿着海岸向北延伸 10 英里，很少有大树和灌木，但是华美的藤蔓、仙人掌、豆科植物、草等非常丰富。海边原野上的野花是一支快乐的队伍，紧紧地连在一起，阵势十分壮观。盛开的花朵和从叶面上发射出来的光使树木闪闪发亮。藤蔓的个体消失在无迹可寻的、交织和纠结堆积在一起的联合体中。

在我们美国的"南方"，开花的藤蔓非常多。在某些地区，几乎每棵树都由它们所笼罩，相互增添着优雅和美丽。印第安纳、肯塔基和田纳西，葡萄藤蔓占据优势且在增长之中。在更远的南方有绿色的石南和无数的豆科植物。在佛罗里达的一个藤蔓公地上，大概属于夹竹桃科，它们蔓延在槲树和矮棕榈上，经常是上百根藤茎交织成一根大缆绳。但是在南方，还没有一个地区像古巴的炎热和潮湿的野生花园那样，有着如此茂盛的错综复杂和盛开着花朵的成堆的藤蔓。

我在古巴发现的最长和最短的藤蔓，都属于菊科。我曾说过，在莫罗山海港的这一边，全都是由盛开着黄色花朵的植物覆盖着，要穿过它是很难的。但是，在这些混合植物森林里，有一些轻软的草坪样的地块。突然来到这么一片空旷的地方，我停下来赞美它的绿色和润滑，这时，我注意到，在低矮的绿草中，洒落着大片盛开的蝶形花朵。与这片小小的草地相邻的长长的菊科植物，在热带丰裕的环境中，和生有相似花冠的蔓藤交织在一起，几乎是密不透气。

我立刻认定，这些洒落的花朵是被吹落到这个被封闭起来的草丛中的，而且由于露水和来自海中的飞溅的浪花，依然保持着新鲜。但是，当我停下来去捡取一朵时，我惊讶地发现，它竟然是由一根短短的、平卧的像头发样纤细的藤茎附着在大地母亲身上！在一朵很大的花朵旁边，长着一对或两个线状的叶子。这朵花比藤茎、根和叶子加在一起还重。由此，在处处都是匍匐纠结的巨物的土地上，我们还发现了这种迷人的、缩小的简约形式——藤蔓减小到它的最低限度。

最长的藤蔓，和它的小小邻居一样，平卧着，毫不纠结，用其无数枝蔓和直立的、三叶的、光滑的茂密绿叶，覆盖着几百平方码的地块。花朵和那些花园里的甜豌豆一样，在大小和色彩上都很一般，并不起眼。种子大而光滑。整个植物在动态和形象上都是很高贵的，用一种我从未在其他植物那里看到的井然有序的深度，覆盖着地面。我觉得，它的叶面比大的肯塔基橡树的叶子还大。就我至今所观察到的，它仅生长在海边，生长在碎贝壳和珊瑚混合的土壤中，并精确地延伸到最高的浪头所达到的水平线上。同样的植物在佛罗里达也非常多。

仙人掌是我漫步场所植物群落的一个重要组成部分。它们和蔓藤一样多种多样，包括时而藏于野草之中一两节细小的品种，也包括那些长得高如灌木一样的品种，顶部宽阔，主干直径达一英尺，光滑的深绿色的关节处，如玻璃光泽的棕榈一样反射着光。和西班牙矛、龙舌兰一起，它们被栽种起来当篱笆。

在我最初的漫步中，有一次，正当我在一些矮岩石上吃力地爬着搜集蕨和藤蔓时，我惊愕地发现，我的脸就在一条大蛇的跟前，它的身体像一根被遗弃的绳子一样随意地扔在杂草和石头中间。等我逃开并恢复了镇定后，我发现，这条蛇是这个植物王国的一个成员，行动间没有危险，但是它有很多尖牙，平卧着，好像依然处于伊甸园的诅咒之下："你必须用肚子行走，终生吃土。"*

---

* 见《圣经·创世记》。蛇诱惑了夏娃，因此上帝诅咒它必须用肚子行走，终生吃土。——译者注

有一天，在纵情享受了我的莫罗家园的富足之后，我压制了很多新的标本，然后下到了波浪拍打着贝壳的岸上，在其美色中休息片刻，并观看了沿着珊瑚边界，被一阵强劲的北风掷起一行华丽的浪花。我搜集了一满袋贝壳，多数都很小，但色彩和形状很漂亮，还有一点玫瑰色的珊瑚。接着，由于留意到多姿多彩的波浪以及它们卷曲的和顶部绽开的形状，让我高兴万状。在这样一种独处和自由自在的时刻，闻听这种就要息止的浪花那丰富多彩的歌声，或我们人类称作的轰鸣声，是很有趣的。我比较了它们与拍打到陆上的浪花在其最远顶端的泡沫和浪花的变化，竭力要形成某种想法，即一支伟大的歌将永远在这个世界上的所有泛着白色浪花的海滨歌唱着。

从我的贝壳座位上站起来，我看到一个从深水中跃出的波浪，直到岸边的斜面上才绽放开来，然后消失在一团白色之中。于是，在它们转回去时，我跟着这些已经疲惫的水，到了蓝色的深水区，趟过它们闪亮的渐渐衰退的碎片，直到被另一个波浪的来到追上岸来。就在我专心玩乐的中间，在一个狂暴的却已疲惫将死的波浪中，我发现了一株花朵已闭合了的小小的植物。它缩在一块棕色的被波浪洗刷的岩石的洞中。它的精致的粉红色花瓣的尖端从紧抱着的绿色花萼上方探出头来。"我肯定，"在另一个波浪过来之前，我在它上方停了一会儿，并说，"你不可能生长在这儿，你一定是从一个温暖的海岸上被吹过来的，并像一个死了的贝壳一样滚到了这个小洞的缝隙里。"但是，在所有疲惫的波浪返回之后，我发现它的根部插入在一个珊瑚岩石的很浅的皱褶之中，而这个波浪拍打的缝隙还真是它的居住之地。

我经常赞美堂皇的红藻和其他海藻在结构上所呈现的适应性，但从未想到会发现某种高贵的开花植物，在风暴轰鸣的大海领地的波涛间栖居。这棵小小的植物有光滑的球形叶子，像小珠子一样透明和闪着光，但又和陆上的植物一样绿。花的直径约有八分之五英寸，玫瑰紫色，在波浪退去时，在风和日丽时开放。总的看来，它很像马齿苋。迄今我走过的海岸，边缘都是茂盛的木本菊科植物，有两三英尺高，顶端是大量盛开的紫色和金黄色的花。我在其中发现了一种小灌木，它的黄色花朵真美；所有部分都呈有规律的互生的五部分，大家是分开的，又都是很和谐的。

当一页纸被一次性写完，它可以被轻易地阅读；但是如果它被一遍遍地书写，文字的大小、体例各不相同，它立刻就成为不可读的；尽管在所有书写的符号中，并没有一种单独的符号或思想是无意义的混乱，从而损伤它的完美。我们有限的力量在阅读大自然的永无耗竭的篇页时，感到类似的困惑和费劲，因为它们一遍遍地、无数次地，用不同的大小、颜色以及符号和句子书写着，这些句子都各有特点。在整个大自然中没有碎片，因为任何事物的某一相对碎片，其本身都是一个完全和谐的单位。大家一起形成了这个世界的巨幅羊皮纸。

在我的家园中，最普遍的植物是龙舌兰。有时它被用作篱笆。有一天，在我返回贝利岛号的路上，我从莫罗山头向后瞭望，碰巧看到了两株约 25 英尺高的很像白杨的树。它们生长在一块仙人掌和蔓藤纠结着的向日葵的地里。我是如此急于去看那么熟悉的像白杨这样的东西，于是赶忙向那两棵陌生的树跑去，从保护着它们的仙人掌和向日葵的丛林中打开了一条通道。我惊讶地发现，我看作白杨的树竟是开花的龙舌兰，这倒是我首次所见。它们的花几乎已谢完了，正在迅速枯萎死亡。球茎散落在四周，很多仍留在枝上，给人一种很丰硕的印象。

当想到龙舌兰不过只生长了几星期的时候，其茎的尺寸似乎就极大了。这种植物据说要费很大力气才能开花、成熟结籽，然后便疲惫至死。但是，就我至今所见，在自然界，并未费那么大力气，或无须费力。它并没有经过多少努力就达到了它的目标，大概龙舌兰的花梗发育并不比草的锥状花絮的发育更费力气。

哈瓦那有一个很好的植物园。我在它壮丽的开花树木中和其有阴凉的喷泉周围度过了一段很愉快的时间。那儿有一条棕榈林荫道，设计得极其周密堂皇和美丽，50株棕榈排成笔直的两行，每一棵都严格地垂直立于地面。光滑圆形的树干，中间稍稍粗点，似乎要被制成板条，而非植物的树干。50个伸展开来的树冠无比的均衡，像天空中坠落的繁星一样在阳光中熠熠生辉。树干大约有六七十英尺高，树冠的直径约15英尺。

小溪的岸边有摇曳的修竹，叶子很像柳叶，在风中的姿态极其优美。那儿有一种棕榈，有巨大的二回羽状的叶子和带须的不整齐的小叶，很像铁线蕨的叶子。几百种美丽的开花植物，有一些是大树，属于豆科。与我以前在人工花园里所看见的相比较，前者的宏丽远非后者所能媲美。它是最灿烂、最丰富的园林植物组成的完美都会，由漂亮的喷泉浇灌着，铺有碎石路边的步行道倾斜着，弯弯曲曲地通向四面八方，呈现出各类别出心裁的游乐场风格，更像阿拉伯之夜的漂亮花园，而非任何普通的人造娱乐场。

在哈瓦那，我见到了我徒步旅行以来所见的最强壮和最丑陋的黑人。哈瓦那港码头工人的臂力堪比真正的巨人，能让他们轻而易举地翻转、抛掷重达几百磅的笨重糖桶和糖箱，就好像它们是空的一般。在看到他们工作了几分钟后，我听见我们自己的强壮水手对其力气表达的无限的赞美，甚至希望他们坚硬凸出的肌肉能够出售。某些卖橘子的黑人老妇的面容呈现出一种虔诚而善良的丑陋，此前，我从来无法想象任何肌肉和血液能够被如此组合。除了橘子，她们还出售菠萝、香蕉和彩票。

8. 去往加利福尼亚的曲折路程

在这个美丽的岛上过了一个月后，我发现，我的健康仍无好转，可我仍决定继续向南美挺进，只要我的体力能够坚持现在的状态。不过幸亏我未能找到去往任何一个南美码头的船只。我早就希望能访问奥利诺克盆地，尤其是亚马孙的盆地。我的计划是在大陆的最北头的随便什么地方上岸，继续向南穿越奥利诺克河的源头周围的荒野，一直抵达亚马孙河的某条支流，然后乘筏子或小船漂流整个大河，直到河口。无论它饱含着怎样的热情与青春的勇气，这样的旅行成为任何一个人的梦想都似乎是很古怪的，特别是在健康很糟糕，资金还不到 100 美元，亚马孙河谷又不卫生的恶劣状况下。

幸运的是，正如我说的，在造访了所有的船运公司之后，我仍未能找到一艘去南美的任何种类的船。于是，我制订了一个去北方的计划，到有着企盼已久的凉爽天气的纽约去，然后再到加利福尼亚的森林和山区。在那儿，我想，我可以找回健康，并发现新的植物和群山；在那个有趣的地方度过一年之后，我可以再施行我的亚马孙计划。

就这样既没看过，也没走过地离开古巴，似乎是很难的。但是疾病不允许我再待下去，因此我不得不安慰自己，希望在完全健康的时候再回来见那些等候的珍宝吧。同时，我亦准备立即启程。当我在哈瓦那的一个花园里休息时，我在一份纽约的报纸上注意到一则去往加利福尼亚的渡轮广告，价格便宜。我向帕森斯船长请教，是否可考虑乘船去纽约，然后从那儿可以找到一条去加利福尼亚的船。当时没有任何加利福尼亚的船来到古巴。

　　"哦，"他指着港口中间说道，"正好有一条装满柑橘的整洁的小帆船要去纽约，而这种运水果的船都是快速的。你最好去见他们的船长要求乘船，因为它大概已准备起航了。"于是我跳上了一只小船，一名水手将我划到了那艘运水果的船那儿，我要求见船长，他很快就出现在甲板上，并痛快地答应带我去纽约，只要我交25美元。在问到他何时起航时，他说："明早天亮时，如果北风稍微小点。不过我的文件已做好了，所以你必须去美国领事馆得到乘我的船离开的许可。"

　　我立即到城里去，但没能找到领事，于是我决定在没有任何正式的许可下航行到纽约。第二天一早，在离开了贝利岛号，并向帕森斯船长道了别之后，有人划船将我送到运水果的船上。尽管北风依然非常猛烈，我们的荷兰船长却下决心面对它，对他的全是用橡木制成的帆船充满信心。

　　船离开港口后停在了莫罗堡接受出港单据的检查，特别注意有无逃亡的奴隶被带出去。官员们靠近了我们的小船，但没上来。他们对领事的出港单和船长的声明都很满意；在他们问他是否带有任何黑人时，他说，"一个也没有。""那好吧，"官员们喊道，"一路顺风！航行快乐！”因为我的名字不在船长的文件里，所以我待在下面，他们看不见；直到我感到了波浪的起伏，才知道我们已经完全驶入了广阔的海面。莫罗堡上的高塔、山丘、棕榈，以及一缕缕白色的波浪，都消失在了远方，我们那如海鸟一样的小船，在广阔而多风暴的海湾中就好似如何在家般的安适，它致敬所有的海浪，勇敢地面对着大风。

两千年前，我们的救世主告诉尼科迪莫斯*，他不知道风是从哪儿来的，也不知道它往哪儿去。现在，在这个黄金时代，虽然我们这些非犹太人已经知道很多风的来源，而且还知道它“向哪儿去”，但是我们对风的了解大概和那些巴勒斯坦犹太人一样少，而且，尽管有科学的力量，我们的无知仍然可能永远不会比现在少出很多。

对人的眼睛而言，风的实体过于单薄；对人的思想而言，其书面语言太难理解；而对人的耳朵而言，其口语多半也太过模糊。现在据说发明了一种机器，凭借它，人的语言器官可以书写它的言辞。但是，即使在没有任何额外的机械发明的情况下，每一个发言者在他讲话时也在书写。在上帝的创世中，万物都将其行动记录下来。当诗人说“双翅划过，天际无痕”，他是错误的。他的眼睛只是太过模糊，以致看不见伤痕。在驶过古巴时，我能够看见沿着海岸的一圈泡沫，但是听不见海浪的声音，只是因为我的耳朵听不到那么远的海浪拍打声。但是每一点儿浪花都在我耳边响着。

这个话题将我不久前旅行中听到的几种对风的回忆带入了脑中。在我从印第安纳到海湾的步行中，土地和天空，植物和人，以及所有能够改变的东西，都在不停地变化。甚至在肯塔基，自然和艺术也有很多富

---

* 圣经中的人物，《约翰福音》曾三次提到尼科迪莫斯。——译者注

有特点的语言和习惯。人们的语言和风俗也不一样。它们的建筑通常是不同于北方的最近的邻居的，不仅在种植园主的府邸上，而且在马厩和谷仓以及穷人的小木屋上都有不同。但是在每一个山丘和谷地，都有千万朵熟悉的鲜花的脸庞。我注意到天空没有不同，而风也在诉说着同样的事情。我没有感到自己是在异乡。

在田纳西，我的视线停留在我第一次见到的山景上。我比以往站得更高，陌生的树木开始出现，每一步都有高山的花朵和灌木迎接我。但是坎伯兰的群山是由橡树林覆盖着的，而且如同威斯康星的山丘那样，它们相互集聚在一起，那些陌生的植物看起来也并不陌生。天空有一点点改变，而风并没有一个可察觉到的特别的音符。因此，田纳西也并非一片陌生的土地。

但很快，变化就来得明显和迅速了。过了北卡罗来纳的山脚和一条小道，到了佐治亚，我从阿勒格尼山的最后一道山脊的高峰上看到了广阔、平滑的砂质山坡，从山上一直伸展到海洋。山坡上满是幽暗的多枝的松树，都是我没见过的。北方的青草覆盖着泥土，而这儿，青草是分散生长的，像树苗一样，丛丛簇簇，生得很高。我熟悉的花卉伙伴正在离去，并且不是像在肯塔基和田纳西那样一株株地，而是整类、整属地离去，同时，一群群光彩照人的、数不清类别的陌生的花卉则朝着我结伴而来。天空也有变化，而且我还能分辨出风中的奇怪的音响。此刻，我开始感到自己是一个"异乡的陌生人"。

然而，却是在佛罗里达，最大的变化到来了，因为这里生长着矮棕榈，这里的风在掠过它们的时候激起奇特的音调。这些棕榈和这些风切断了联系我与家园的最后一缕琴弦。现在，我确实成了异乡人。我兴奋、惊诧而且困惑，在叹服的空白与倾倒中凝视着一切，好似自己来到了陌生的星球。但是，在这一系列漫长而复杂的变化当中，最大也是最后的变化之一，是我在风中感受到的音调与语言。它们不再是从空旷的草原与橡树起伏的田野间传来的古老乡调，而是经历了无数陌生琴弦的音乐。木兰的绿叶，如抛光的精钢一样光滑，行行松萝形成的巨大倒垂森林，还有棕榈树堂皇的树冠——吹过它们，风奏响奇特的音乐；在夜晚将至的时刻，它带着无可抗拒的力量展示我与友人、与家园的距离，令我与一切熟悉之物的隔绝彻底完满。

在其他的章节中，我已写到当我从海湾做一日之旅时，从海上吹来，拂上我身的风——在过去20年中，第一次触摸到我的海风。当时我背着书包，带着植物，疲惫地前倾，艰难地跋涉，将至的高烧让我有些酸痛。忽然间，我感到带有咸味的空气，在我有时间思考之前，各种长期蛰伏的联想已如洪水一般翻滚而来，涌上我心。福斯湾、巴斯岩、顿巴城堡，还有那风、那石、那山，都乘上这场风的双翼，就如黑色夜空中的一道闪电照亮了一瞥风景一样，在清澈、倏然的光中，出现在我的眼前。

在大海汹涌澎湃，拖着长尾的旗幡从每一个卷曲的波浪的顶部掠过之时，我喜欢坚守在一叶像我们的船那样的小舟上。一条大船会笨拙地同时用不同的姿态应对几个波浪，像一个不坚固的漂浮的小岛一样，跌跌撞撞地向前行进。而我们的小帆船，活泼得像一只海鸥，用一种快乐的节奏在每个波浪的小丘两边上下滑动着。在我们前进时，景色也越来越壮观和美丽了。波浪以一种相应的姿态，变得更高，更宽。驰骋在这不断变化的水的纯净方域，是非常惬意的；从浅处向上望去，或望着从远处波浪的小丘顶部上方伸展出去的广袤的苍穹，我总是经常忘记，这片平如镜面的无树的海洋是不对步行者开放的。如果能用双脚徜徉其上，欣赏它透明的水晶般的地面，和它起伏的小丘（波浪），未被船的绳索和桅杆所破坏的音乐；去研究这些波浪滚滚的平原和溪流中的植物；在无拘束的天气里，睡在一张泛着磷光的浪花，或带有咸味的水草的床上；傍晚去看那闪光的小道；安详地走在透明的平原上，和鸟儿及四处闪耀着的飞鱼在一起，或者到夜晚和所有闪烁在其表面的星星在一起；——那该多美妙啊！

然而，即使是土地，也只有很小的一部分向人开放；而且如果他是在其他一些禁止通行的路上的旅行中，在冰天雪地和炎热无比的土地上的冒险当中，或乘着充气的气球上升到空中，或者乘船在海里，或者在一个闷人的潜水钟里下得更深点儿。在所有这样一些小小的冒险中，人都会受到各种各样的警告和惩罚，它们明确地让他知道——用一个教会称许的词组，他处在不符合上帝对他的设计的地方。但是，由于我们时代的迅速进步，谁也不好说我们的星球最终将会在多大程度上屈服于人类的意志。无论如何，我在一定程度上享受着这种漂浮的运动。

一条船上带有焦油气味的团体本身就很值得研究——一个专制政体，存身于由钉在一起的漂浮的厚木板构成的小领土上。但是因为我们的船员仅包括四名水手、一个大副，和一位船长，所以并无专制之迹象。我们大家在一张桌子上吃饭，分享我们腌制得很好的青鱼和葡萄干布丁，还有无穷无尽的大量的橘子。在我们的小船上，不仅货仓里满是散装的橘子，连甲板上也堆得和栏杆一样高，因此我们不得不从这些金色的水果上边走过去吃饭。

成群的飞鱼经常飞过我们的船，偶尔还会有一两条落到橘子中间。水手们很高兴将它们捉起来拿到纽约当稀奇物出卖，或将它们送给朋友。不过船长有一只纽芬兰种的大狗，这只狗获得了这些倒霉的鱼中的最大部分。当它一听到飞鱼翅膀的拍动声，便立即习惯地从瞌睡中跳起来并扑上去，在水手们到达它们落下来的地点之前，就已经不慌不忙地大吃起来了。

　　在经过佛罗里达的海峡时，风停了下来，大海也变得平静安详起来。这儿的水非常清澈，颜色暗蓝，不同于那种像来自山中的烟雾一样的灰暗色的水。当我们的船在上面驶过时，我可以像人们看见地面一样，清楚地看到海底。我们的船会在这样一种轻柔的液体中被擎起来，而我们又未在那个似乎很近的海底搁浅，似乎是很奇怪的。

　　一天清晨，在巴哈马的点点岛屿中间，天空宁静，大海祥和。太阳升起来了，晴朗无云。这时，在离我们很近的地方，我看到一大群飞鱼正在被一只海豚追逐着。这些像燕子一样的鱼非常整齐地升起来，敏捷地微呈弧形地向前滑行了五十到一百码距离，然后又降入到水面以下。一面滴着水，一面闪烁着，它们又升起了几秒钟，然后以极快的速度匆匆地回到光滑的海洋，并没有恐惧的样子。

　　海豚终于追上了鱼群，并冲入其间，现在，整个秩序都被打乱了。鱼群分散无序地升起来，朝向四面八方，像一群被鹰袭击的鸟儿。追击鱼群的海豚也跃入到空中，展示着它绚丽的色彩和惊人的速度。在分散的飞行出现之后，所有固定的追逐都无用了，海豚只好在它的已经溃散的虚弱的众多牺牲品周围冲击，直到它得到了满意的大餐。

　　我们喜欢面对大海，并认为它是我们地球的一个半空白地区——

一种荒漠，"一片水的废地"。但是，尽管我们是陆上的动物，我们对土地的了解和对海洋一样无知，因为我们一般通过商业眼光得来的对海洋的粗略了解，比较起来，是没有什么价值的。既然科学正在对海洋的生命，及其盆地的形式，作着深刻的调查，而且相似的调查正深入到陆地的荒漠，炎热的和寒冷的都在其内，所以我们最终就会发现，海洋和陆地一样充满着生命。没有人能说出人的知识究竟可达到怎样的程度。

经过了海峡并驶向海岸之后，约在卡罗来纳海岸南端的对面，我们遇到了强劲的顶头风，它伴随了我们一路，直到纽约，因此我们能干的小船整天都是湿漉漉的。我们装载的橘子也受到了损失，而且因为它们装得比栏杆还高，我们走起来很困难，常有可能被海浪打下船去。离开了哈特勒斯角的飞鱼从一个个浪头上穿越而过，显得非常快乐。它们在白天避开船只，但在晚间经常会落到橘子中。水手们捉了很多鱼，但是我们的纽芬兰种的大狗跳起来捉它们的速度比水手还快，从而几乎垄断了这场游戏。

当夜幕降落到海上，闪着磷光的浪花绚丽夺目。在这种夜晚，我常常站在船首斜桅上，抓着一根绳子，一过就是几小时，为的是欣赏这种景象。这种光是多么美妙啊！在海上由无数有机物变化出来的这种光，光华灿烂地为鱼，以及每一朵浪花照亮道路，在某些地方，则像大片的灯光一样，在大片的区域上空闪耀着光芒。我们驶过了大片的海草区，我采了一些做标本。我确实喜欢在这个焦油麻絮构成的新奇小家的生活，因此，当我们航行的目的地越来越近时，想到就要离开它，还真感到遗憾。

现在，第十二天，我们正靠近纽约——这个船的大都会。我们整天都看得见海岸。无叶的树木和白雪显得特别奇妙。现在大约是 2 月末，白雪覆盖着地面，几乎直到海边。像我们这样，在这种严酷的冬季，从炎热和通常都是热带的枝叶繁茂的古巴来到这里，纽约白雪皑皑的落叶树林以一个新世界的新奇感和深刻印象震撼着我们。来自桑迪角的寒风向海上吹来。海员们在衣柜里寻找长期不穿的毛皮服装，包裹得像圆胖的爱斯基摩人，同时拉着绳索，继续航行。对我来说，在长期受着高烧的熬煎的时刻，这股寒风，在它渗透到我的松弛的骨骼中时，真是比春天的微风还要惬意和爽快。

我们现在有了很多伙伴：来自各个国家的航行着的船队。我们张帆前进的小竞赛者紧张地操作着，而所有的船都不例外，和它一样，驶向码头。到晚上时，我们费劲地插入了河流三角洲的冰原，很艰难地通过了它。九点时到达码头。船停放下来，就像市场里的小推车，停在一个适当的停泊处。第二天早上，我们和我们装载的橘子都上了岸，三分之一的橘子腐烂了。这样，我们整个的航行目的就完成了。

在我们到达时，船长好像知道我的钱包瘪了，因此告诉我，在我去加利福尼亚之前，我可以继续使用我在船上的床位，同时在附近的餐馆里用饭。"这是我们唯一可做的。"他说。在查询了报纸后，我发现，第一艘去阿斯佩沃尔的船，内布拉斯加号，约在 10 天之内起航，经过地峡到旧金山的统舱票只要 40 美元。

在这段时间里，我就在城市周围游荡，一个人也不认识。我的步行范围稍稍远离了我在船上的家。我在某个街道指示牌上看见了中央公园的名字，心想我应该去看看它，但又担心找不到回去的路，因此不敢去冒这个险。

　　　　　　　　　　　　　　　　　千里走海湾

在巴拿马号起航的前一天，我买了一袋加利福尼亚的地图，同时又受到怂恿买了一打装成卷的大地图，一面是世界的，另一面是美国的。我白费口舌地说要它们没用。但我被撺掇着："可你肯定想在加利福尼亚赚钱吧，不是吗？从这儿出去的东西都是很珍贵的。我们用两美元一张卖给你一打，然后你很容易就会在加利福尼亚用拾美元一张卖出去。"我很愚蠢地被说动了。这些地图成了一个很大的笨拙的行李，不过幸亏除了我的标本夹和小背包以外，就只有它这件行李了。我把它放在统舱里我的舱位上，它们太大了，因此既不会被偷也不会被藏起来。

　　在统舱里的生活和我在那只运水果的小船中的可爱的家，形成了一种残忍的对比。以前我从未见过如此野蛮的人群，尤其是吃饭的时候。到达艾斯盆沃勒－科隆之后，在过地峡之前，我们有半天的时间在周围闲逛。我将永远不会忘记这里壮观的植物群落，尤其是沿着查格雷斯河岸开始的15-20英里。大森林树木恣情的欢乐和茂盛，紫色、红色和黄色的花朵炽热的艳丽，都远胜过我所见过的任何东西，尤其是开花的树，无论是佛罗里达或古巴都比不上。我从汽车站台的入口处凝望着。我因为喜悦而流泪了，希望有一天能够回来，尽情地欣赏和研究这个最壮观的森林。我们大约在4月1日到达了旧金山，在那里我只停留了一天，接着就出发去约塞米特谷地了。[*]

　　我顺着狄阿布罗的丘陵，沿着圣·何塞谷地去基勒罗伊，由那里翻过了狄阿布罗山，经过佩可考关隘，去圣·约阿奎因谷地，下了山谷到了对面的莫斯河的河口，跨过了默塞德河，向上进入内华达山，到了

---

[*]　日记到这里就结束了。本章的其余部分取自写给埃兹拉·S.卡尔（Ezra S. Carrl）夫人的一封信，寄自端迪黑尔谷，1868年6月。——译者注

迈尔帕萨的庞大树林，以及壮丽的约塞米特，然后顺着默塞德河向下走到这儿。*在我去佩可考关隘的旅途中，天气好得真是难以赞美和描述——恬美、欢快、绚丽。令人心旷神怡的天空足以让天使也感到舒畅，它的每一点气息都赋予一种不同的独特的欢愉。我相信，亚当和夏娃在他们甜蜜的角落里不曾有更好的感受。

　　海岸山脉丘陵的尽头就是整个去基勒罗伊的路。路的蜿蜒曲折和山坡的不可比拟的美将它们与山谷结合在一起。它们被我曾见过的最绿的青草和最多彩的光笼罩着，千万朵不同的花卉在争奇斗艳并略显不同，它们主要是紫色和金黄色。千百条清澈的小溪与云雀在一起唱着歌，让整个山谷像海洋一样充满了音乐，使它从头到尾都成为一个真正的伊甸园。

　　佩可考关隘的整个自然景色相当迷人。从低处幽暗的峡谷，到高处阳光照耀的岩石嶙峋的山峰，都长有美丽的山地蕨；一丛丛茂盛的灌木，以及漫布四处的一簇簇各种装扮的花，总是那么可爱和纯洁，全都在享受着山区家园的甜蜜。啊！还有那溪流！在阴凉中，在光亮中，它们波光粼粼地流淌着，朝着它们通向大海的可爱的不断变化的路前进着。山丘一个高过一个，山峦过了一个又是一个，以最恢宏的，超有力的，不可诠释的威严，起伏着，摆动着，增高着。

　　终于，当你像一只被压碎的昆虫一样受到震骇和昏厥过去，并希望从这些山的整个无比强大的力量中挣脱出来时，其他的喷泉，其他的海洋突然迸发在你面前。因为，就在那儿，越过大量的一排排丘陵，一片广阔流畅向四周伸展的平原清晰可见，一条河为它提供着水源；同时在

---

* 　加利福尼亚的默塞德郡，斯涅林附近。——译者注

　　　　　　　　　　　　　　　　　　　　　　　千里走海湾

远方 100 英里处，横亘着另一道多峰的被白雪覆盖着山顶的山脉。那个平原是圣·约阿奎因谷地，而群山则是巨大的内华达山。圣·约阿奎因谷地是我走过的最绚丽的花的世界，一张广阔、平坦的花床，一片花的汪洋大海，由于其中有那条边缘都是树木的河流，以及到处都是来自山中的交错的小溪，而稍起波纹。

佛罗里达的确是一个"花的世界"，而每一枝生长在它最欢乐的地方的花卉，都有上百枝更多的花生长在这里。这儿，这儿就是佛罗里达！它们在这儿，并不像在我们的大平原那样，在青草之间绽放，而是青草在花儿中间绽放；不像古巴，花上摞花，堆积和汇聚成深沉绚丽的花团；这里则是并肩而开，花朵挨着花朵，花瓣挨着花瓣，有接触但无纠结，花枝交错而过，自由而有分别——外表流畅且光洁；青苔挨着地面，青草在上，花儿在中间。

在研究这个山谷的花卉及其天空，还有其家园的所有必需品、声响和点缀之前，人们可能不大相信，这个广大的集体是永恒的；但是不仅如此，由于某种植物动机的激励，它们是从其领地的每个平原、大山和草地中集合起来的，不同色彩的地块、田野以及地段，标志着各种不同群落和种属的营地界线。

9. 端迪黑尔谷

假如我们能够将塞拉内华达山脉横切成每块大约12英里厚的区块，每个区块都将包含一个约塞米特谷和一条河，以及大量湖泊、草地、岩石和森林的灿烂组合。所有区块的堂皇和不可撼动的美丽都是那样广阔和真正地让人满意，以至于你若想在其中进行挑选的话，就好似选择来自同一条面包的面包片。有一片面包可能有烤焦的斑点，是对火山口的回应；另一片的颜色会比较深；还有一片皮可能比较硬，或切得不整齐；但是它们基本上都是一样的。内华达山的每一片从总体的特点来看，没有什么大的不同。不过，我们全都会选择默塞德河这一片，因为由于比较容易进入，它已被轻尝细品，并被认为滋味甚佳；同时还因为其约塞米特这一浓缩形式，是庞大塞拉面包中，被特定条件烘烤、发酵、撒上冰川糖霜的一部分。以同样的方式，我们很快就意识到，这个巨大的中央平原是一批烘制的面包——一块金色的糕饼，我们很不情愿地为了面包屑而离开这些非同一般的面包，无论前者有多好。

---

* 　这是约翰·缪尔于 1868 年夏天和 1869 年春天在这个区域度过的中心地带。——译者注

当我们烟雾蒙蒙的天空被一场冬雨洗刷一净之后，整个纵横交错的内华达山像一堵普通的墙一样显现在平原上，稍稍倾斜着，在一道道层层覆盖的平行波纹中变换着色彩，好像完全是由部分拉直的彩虹组成的。因而，从山上看到的平原也有着同样流畅朴实的表面，带着紫色和黄色，像是拼缀起来的彩色云彩。但是，当我们下来，到了这个光滑的平面时，我们发现，其自然状态的复杂性与这座山是一样的，虽然没有那般强烈醒目。尤其是位于默塞德河与图奥伦姆河之间的平原地段，在十英里的板岩丘陵之内，被精致地镂刻成谷地、洞穴和流畅的波纹，其中就有这个平原的默塞德约塞米特——端迪黑尔谷。

这个令人欢快的谷地的长度不到一英里，而其宽度则刚够形成一个非常匀称的椭圆形。它位于两条河之间的中段，距离内华达的丘陵有5英里。它的边缘是由 20 个半球形的山丘形成的，并因此而成了它的名字（Twenty Hill Hollow 端迪黑尔谷）。它们自四周环绕、包围着它，仅留下一个南向的让其水流出的出口。谷的底部低于周围的平原约 200 英尺，这些山丘的顶部也稍微低于一般的高度。这里没有高耸的圆顶，没有蒂斯艾克 * 来作它的标志；人们可能在意识到它的存在之前，已经徜徉在它的边缘。它的 20 个山丘在大小和位置上，同样在形状上，都惊人的整饬。它们像一半被埋在地里的巨大的大理石，每一块都被精细地安置在它的位置上，并和它的伙伴保持着一定的距离，形成了一个迷人的山丘美景，中间有青草覆盖的小山谷，每个山谷都有一条小小的它自己的溪流，它们跳跃着，闪烁着，进入开阔的谷地，汇合成谷地小河。

---

* Tissaack，内华达山的著名高峰 Half Dome（半圆顶）的原名，为印第安语，其意是"有裂缝的岩石"。——译者注

像所有其他的近邻一样，这20个山丘也是由一层层按照不同的比例，与山体堆积物混合起来的火山岩组成的。某些岩层几乎全是火山的喷发物——火山岩和火山灰——直到地面，并与那些沉淀着它们的水混合在一起；其他的大部分是由板岩和粗糙程度不同的石英鹅卵石组成，并形成砾岩。出现了几个畅通的开阔部分，它们曝露了一部复杂的大海、冰川和火山洪流的历史——部分火山的岩渣和灰烬，它们是这些光彩夺目的白雪皑皑的群山在黑暗时代的写照——它们被烟雾笼罩着，并被燃烧的烈火造成了河流和湖泊。当这些山脉的岩浆流进大海，人类说道，那可真是一个恐怖的时代。那是怎样烈焰纷飞的天际！那是怎样灰烬和烟雾弥漫的景象！

　　这个地区的砾岩和火山岩很容易受到水的侵蚀。在它们的发源地

20个山丘形成的谷地*

* 选自缪尔手绘图。

大海被移去形成这个金色的平原的时候，它们的表面，很大部分都由低浅的湖泊所占据，通常很少能从静止水平中显示出变化，直到暴雨和山洪逐渐将这一朴实的页面刻成各种各样的边缘和斜坡，在默塞德河和图奥伦姆河之间，创造出端迪黑尔谷、百合谷，以及卡斯凯德和卡斯特河的美丽山谷，还有很多无名的和不为外人所知的，只有猎人和牧人才造访过的谷地，它们沉陷在这片平原的广阔底层，像是未被发现的金子。端迪黑尔谷是一个由水蚀造成的山谷的很好说明。这儿没有华盛顿山的圆柱，也没有棱角分明的埃尔凯普顿。[*]谷内的峡谷，在柔软的火山岩中穿过，因为不那么深，所以还不至于要求一次来自科学的地震，比创造约塞米特山所要求的烘焙师傅的成打方便工具要少得多，而且我们适度的算术标准，也不会被这个朴实而易于了解的山谷的某种庞大所触犯。

现今这部分平原的侵蚀率似乎是每年约十分之一英寸。这个近似值是根据对河岸和多年生植物的观察得来的。雨水和风移动群山时，并不打扰它们的植物或动物居民。翱翔的海燕、海洋中的鱼和漂浮的植物，随着波浪按照其优雅的节奏上下沉浮；平原上的鸟儿和植物则随着这些土地的波浪起伏，唯一的不同在于这种不规则的变动，在一种情况下要比其他情况下更快。

在 3 月和 5 月，谷底和它所有的山丘都匀称地覆盖着厚厚的黄色和紫色的鲜花，以黄色为主。它们大部分都是丛生的菊科植物，还有几种春美草、吉莉草、金英花、白色和黄色的紫罗兰、蓝色和黄色的百

---

[*] 华盛顿圆柱（Washington Columns）和埃尔凯普顿（El Capitans）都是约塞米特谷地的高峰。——译者注

合、一茎十二花，以及野荞麦，生长在半漂浮的紫色草丛中。在这个山谷中只有一种蔓藤，大头菜（*Echnocystis T.&D.*）或叫"大根"。这个在一英里之内的唯一的树丛，约有四英尺高，在这普遍是流畅光滑的地方成了一个了不起的东西，以至我的狗围着它不停地狂吠，并保持着一种警戒的距离，就好像那是一只熊。某些山丘的岩石带有棱线，并长有色彩鲜艳的红色和黄色苔藓，在湿润的角落里有丛生的苔藓——珠藓，曲尾藓，葫芦藓，和几种灰藓。在凉爽的没有阳光的洞穴中，和这些苔藓一起的还有蕨类——冷蕨（*Cystopteris*）和一种很小的金色灰岩蕨（*Cymnogramma triangularis*）。

这个谷地没有多少鸟。草地云雀在这儿安家，还有小的洞穴猫头鹰、小水鸟和一种麻雀。偶尔会有几只野鸭光顾这里的水面，有时还会看见几只高大的苍鹭——蓝色和白色的——沿着小溪昂首阔步。美洲隼和灰鹰会来猎食。几乎所有的云雀都在为这个山谷歌唱。它们和东部的草地鹨不是一个品种，尽管极其相似；艳丽的鲜花和高空令它们唱得比著名的大西洋云雀还好听。

我留意了这儿的三种云雀之歌。第一首的歌词，我认为是它们对某次特殊聚会的回忆，拼出来的音是"喂—若—斯佩—喂啊—哩—喂—咦特"。1869 年 1 月 20 日，它们唱道"奎德 - 里克斯——波德尔"，并且有规律地重复着，是在歌唱天空所给予的愉悦。同月的 22 日，它们唱着"切——库尔——切地尔地——库地尔地"。这首欢乐的云雀之歌是一种激励，是被人类灵魂普遍接受的。这似乎是这些山丘唯一的鸟儿之歌，它的创作对我们是有参照价值的。音乐是一种事物的象征，它可以被组成任何一种形式。空气中的点滴与飞沫是有专门用途的，它们被用来拍打和搅动云雀的胸脯，如同极微的气流激溅、漫吟在砂砾的棱角和孔洞，也如同尘世中欢乐的赞美诗一样完美地创作与命定；但是我们的感官还不能好到去捕捉这些音调。想象一下从这个山谷宽广的鲜花集会中，从花瓣和花蕊，以及成堆的花粉雕塑中奏出的形形色色的声音中，流淌出来的起伏跳动的曲调。很少有一个音符是为我们的，然而，为了这个隐藏在一只云雀羽毛下的欢乐的乐器，也要感激上苍。

老鹰并不住在这个山谷，它只是来这儿猎捕长耳朵野兔。有一天，我看见一只漂亮的鹰落在了一个山丘旁边。我最初困惑不解的是，究竟是什么力量将这个空中之王吸引到了有云雀的草丛之中。在特别留意的观察之后，我很快就发现了它落地的原因。它正在饥饿中，因此停下来监视一只长耳兔，后者直立在它的洞口，凝视着与其正面相对的有双翼的不共戴天之敌。它们相距约 10 英尺。这只鹰应该是打算攫获兔子，并会迅速地在地面上消失。长耳朵兔子不肯闲着，会冒险掠过山丘去某个邻居的洞窟，鹰则会突然从它上面降下来，并用其翅膀给予一击，使之死亡，将它带到某个最喜爱的岩石桌面上，美餐一顿；然后，抹去所有粗鲁的标记，重新进入空中。

自羚羊被驱走之后，兔子便成了这个山谷最善跑的动物。在被狗追逐时，它不像在看到鹰飞翔时那样去寻找一个洞穴，而是从一个山丘飞奔到另一个山丘，跨过相连的弯道，敏捷得和毫不费力得像一只鸟的幽灵。我曾经测量过一只，在肩部的高度是 12 英寸；从鼻尖到尾部的身长是 18 英寸；它的大耳朵的长度是 6.5 英寸，宽度是 2 英寸。它的耳朵，尽管非常长，却保持着优雅和适度的分寸，使它有了这个朴素的昵称，并广泛为人所知，而实际上，它叫 "Jackass rabbit"。长耳兔在整个平原和高处阳光明媚、树木茂盛的山丘里都非常多，但是它们的家园延伸不到附近的松林。

在山谷周围，偶尔会见到郊狼——或称加利福尼亚狼——溜过，但是数量不多，大批的郊狼都被养羊者的陷阱和毒药杀死了。郊狼的大小和小牧羊狗差不多，动作漂亮优雅，耳朵直立，有一条毛茸茸的尾巴，很像狐狸。因为它特别青睐羊肉，所以通常被牧羊人和几乎所有的文明人所憎恨。

地松鼠是这个山谷中最普通的动物。在几个山丘中，有一种柔软的地层，地松鼠在这里掘出了它们的家园。观察在警戒中的这些啮齿动物的城镇是很有趣的。它们的环形街道中不停地响着尖锐刺耳的喊叫："塞克特，塞克，塞克，塞尔特！"附近的邻居，小心地从半开的门中窥探着，低声地呜呜地闲聊着。有一些大着胆子直立在门阀上或上面的岩石上，兴奋地呼喊着，似乎是在呼唤对敌人动向和形势的注意。和那些狼一样，这种小动物也是被诅咒的，因为它们贪食谷物。多么遗憾！大自然竟然制造了那么多和我们自己口味类似的小嘴！

这个谷地所有的季节都是温暖和灿烂的，各种花卉全年绽放。但是每年植物和昆虫生命产生的壮丽开端，是由12月和1月的降水所控制。炎热和昏暗的空气被洗刷一净，并凉快起来。植物的种子，在六个月里一直被放在地上变干，就像在农民的谷仓中被收藏起来似的，现在则立刻展示出它们宝贵的生命。昆虫发出它们细微的嗡嗡声。蝴蝶来自它们的棺椁，就如子叶来自它们的苞皮。遍布在谷地和山谷的干涸水路网络，突然涌出了生气勃勃的水，从一个个池塘中漫溢、倾泻出来，有如蒙尘的干尸从死亡中站起来，开始复活，容光焕发地、生气勃勃地大笑着。天气也如鲜花一样生长地明媚起来。天气在地中的根（土壤中的水分——译者）在一两周内就一丛丛地发育起来，在云的繁枝茂叶中被分隔、荫蔽；往复旋转的火红阳光在天空的阴影里荡漾、闪烁，就像半藏在叶中的浆果的花序。

被称为雨季的这些月份并不都在下雨。在北美，大概在世界上，还没有地方在元月份是那么温和并闪耀着明媚的阳光。根据我在 1868 年和 1869 年的记录，我发现这个季节的第一场大雨是在 12 月 18 日。元月份的山谷，总共只有 24 小时的雨，而且是在 6 天里分别下的。2 月份只有 3 天的降雨，总共是 18.5 小时。3 月份有 5 天下雨，4 月份是 3 天，共下了 7 小时。5 月份有 3 天下雨，一共下了 9 小时。至此，所谓的那一年的"雨季"就完成了，这大概是一个平均数字。必须记住，这个降水记录没有任何晚间的记载。

这个地区通常的暴雨，很少像密西西比河谷的那种有特点的暴雨，缺少外表结构上的壮观和宏伟。不过，我们仍然经历过在这些无树平原上的暴雨，那是在真正黑暗的夜里，和山区最大的暴雨一样壮观，令人难忘。在晴朗的天气里，风从西北方向吹来，转向东南；天空逐渐平稳地凝结成一种无纹、无缝、同质的云。而后雨来了，不断地倾泻着，并经常由于强风的吹打而斜降下来。1869 年，超过四分之三的冬雨来自东南方。来自西北方的一次大雨发生在 3 月 21 日，一片巨大的粗眉毛似的云异常壮观威严地驶过布满鲜花的山丘，送来了像是来自大海的水。热情的倾盆大雨只延续了大约一分钟，但却是我所见到过的高耸入云的群山中最壮观的大瀑布。一片对着内华达山的平静天空，抹上了薄薄的轻絮般的白云，在其上大雨的洪流显现到壮观的高度——一片自云中倾泻的瀑布，就像约塞米特的那些瀑布，既有飞沫，又有雨水，还有实实在在的水。在同一年的元月，除去下雨天，云量平均为 0.32，2 月是 0.13，3 月是 0.20，4 月是 0.10，5 月是 0.08。云量的主要部分集中在几天中间，剩下的其他日子则让真正普照世界的阳光点亮每一个缝隙和毛孔。

元月末，有四种植物开花：一种白色的小水芹，生长在大块地上；一种低矮的伞状花序的植物，开黄花；一种野荞麦，在无叶的小晶片中开着花；还有一种琉璃苣。五六种苔藓早已整理好它们的头巾，正处在生命的最佳期。2 月份，松鼠、长耳兔以及鲜花都尽享着春天的欢乐。灿若群星的植物在山谷四周到处闪耀。蚂蚁也准备好工作，在洞口周围的谷壳堆上摩擦和晒着它们的手足；肥胖的沾满了花粉的"魁梧、假寐的熊蜂"，在鲜花中嗡嗡响着；蜘蛛在忙着修补旧网，或织新网。每天都有新花出现，它们从地里涌出来，就像是从教堂出来的打扮得花枝招展的孩子们。明朗的天空每天都有更多的飞鸟的歌声，充满了植物的芳香。

3 月份，植物的生命加倍旺盛。领头的小水芹，到了这时候，已开始结籽了，挂上了优雅精致的短角果。出现了几种春美草；还有一种大的白色纤管马先蒿（？），以及两种喜林草。一种小的车前草已经长得很高，飘拂着，显现出丝绸般阴影的涟漪。到这个月末，或 4 月初，植物的生命就到了它的鼎盛期。几乎无人能对其令人惊异的丰硕有确切的概念。数一数这 20 个山丘的，或谷底的，在溪流中的任何一个地区的鲜花，你会发现，在每一平方码里，仅仅菊科一种花便可从一数到上万。黄色的菊花是这大片金色最好的打造者。也许是太阳给了它们最灿烂的光吧，因为这些小太阳就是它的孩子——太阳光线的光线，太阳光芒的光芒！人们会以为，加利福尼亚的这些白天从地上收到的金色，比它们给它的要多。大地确实变成了天空；两个无云的天空，花的光和太阳的光相互对照着，融汇在一起，并将金色化为一个光辉的天堂。到了4月下旬，山谷里的大部分植物的种子都已成熟，开始死去；但是，没有衰败的植物仍然用来自残存的总苞和花冠样鳞苞的空壳颜色点缀着景观。

　　5月份，只有几株根深蒂固的百合和野荞麦还活着。6月、7月、8月以及9月是植物休息的季节；紧接着，在10月，全年中最干旱的时节，涌现出一种杰出的植物生命。一种很小的非常谦卑的植物，虎尾草，高度从六英寸到三英尺，带有苍白而腺质的叶子，突然绽出了花朵，在几英里地块的范围里，像是金色的4月又复苏了。我曾经数过，一株植物上的花有3000朵以上。叶子和花梗是那么小，以至在一个如此大数量的雏菊的金色花冠中几乎看不出来，就好像它们全无支撑，如同天空中的繁星。花冠的直径约有八分之五英寸；光束般的和碟状的花，是黄色的；雄蕊呈紫色。光束般的花有滑润的绒毛外表，就像金色的紫罗兰的花瓣。夏季常有的风使所有的花冠都转向东南。它的叶子和总苞的蜡质的分泌物，使它有了一个冷酷的名字——"黏草"，因为这个名字而普遍为人所知。按照我们的估计，它是这个平原中菊科里最欢乐的成员。它的花一直开到11月份，和一种野荞麦联合在一起，后者连续不断地开花，一直过了12月，和元月份的春季植物连成一气。因此，虽然几乎全年的植物生命都挤进了2月、3月和4月，围绕着端迪黑尔谷的花卉循环却从未断过。

旅游者在去约塞米特的途中就可以轻易地造访这个山谷，因为它距离斯涅林大约只有六英里。对一个博物学家来说，这里的一年四季都很有趣；但对大多数旅游者来说，早于元月，或迟于 4 月，这里都将不会引起他们多少兴趣。如果你希望知道有多少光亮、生命和欢乐能进入元月，就到这个山谷去吧。如果你想看到植物的复苏，——无数绚丽的花从地里挤出来，像灵魂听候审判一样，——那就在 2 月里去端迪山丘。如果你为健康而旅行，避开医生和朋友，那就在衣袋里装满饼干，藏到这个谷地的山丘里去，在它的水中沐浴，在它的金色中晒黑，在它的花的绚丽中取得温暖，你的净化会使你成为一个全新的人。或者在社会的沉淀中感到压抑，因此厌倦这个世界，那么在这儿，你的艰难困惑将会消失，你的世俗外壳将融化，在上帝无边的美和爱的氛围中，你的灵魂将会得到深深的自由的呼吸。

我将永不会忘记我在这个圣水盆中的洗礼。这是在元月份，是一个对很多植物——同时也对我来说的复苏日子。我突然发现自己在它的一个山丘上，山谷充溢着光芒，好像一个喷泉，只有一些没有阳光的小角落留给了苔藓和蕨类。山谷的小溪像河一样交错纵横，闪闪发亮。地面蒸腾着香气。阳光，不可言说的灿烂，笼罩着鲜花。真的，我说，加利福尼亚是黄金州——是金属的金色，是太阳的金色，同时是植物的金色。整个夏季的阳光似乎都压缩到了那个空间，那光辉的一天。所有朦胧的痕迹都从空中洗刷掉了，群山被云清扫得干干净净——佩凯克峰和第阿布罗山，是其间起伏着的蓝色高墙；沿着平原屹立着巨大的内华达山，点染着四条平行的波带——最低的是玫瑰紫；稍高层是深紫色；紧挨着的是蓝色；最上面，是一排白色的高峰，直指上苍。

人们或许要问，50 或 100 英里以外的群山和端迪黑尔谷有什么关系？对野生事物的爱好者来说，这些山并不在 100 英里以外。它们的精神力量和天空的美好使它们变近了，就像是一个朋友圈。它们是耸立在这个山谷周围的一弯高墙。你不可能感到自己在门外，你感到的是平原、天空和群山放射出的美。你在这些精神的光芒中呼吸着，转过来转过去，就好像在一堆篝火边感受着温暖。此刻你意识不到自己另外的存在：你和这个景观交融在了一起，成了大自然的一部分。

附录一

动植物译名对照表

Adiantum（ 为拉丁学名，下同）	石长生
Agave	龙舌兰
Alder	桤木
Alligator	鳄鱼
Ant	蚂蚁
Antelope	羚羊
Apricot vine	杏藤
*Aspidium acrostichoides	圣诞蕨
*Asplenium ebeneum	黑脾草
*Asplenium lilix-foemina	铁角蕨属
Aster	紫苑
Azaleas	杜鹃（花）
Bald eagle	白头鹰
Bamboo	竹
Banana	香蕉

*Bartramia	珠藓
Bear	熊
Bee	蜜蜂
Beech	山毛榉
Birch	桦
Bluebird	蓝知更雀
*Boragewort	琉璃苣
Brake	欧洲蕨
Bramble	悬钩子
Brant	黑雁
Brier	荆棘
Brown thrasher	长尾鸟
Butterfly	蝴蝶
Butternut	白胡桃
Cactus	仙人掌
Cape jasmine	海角茉莉
*Carice	莎草
Catbrier	菝葜
Christmas Fern	圣诞蕨
Clam	蛤蜊
Claytonia	春美草
Club moss	石松
*Compositae	菊科

Coon	浣熊
Corn	玉米
Cotton	棉花
Coyote	郊狼
Crane	鹤
Crow	乌鸦
Cypress	柏树
*Cystopteris	冷蕨
Deer	鹿
*Dicksonia	蚌壳蕨属
*Dicranum	曲尾藓
*Dogban	夹竹桃
Dolphin	海豚
Dove	鸽
Eagle	雕
Ebony spleenwort	黑脾草
Elm	榆
*Ericacca	石南植物
*Eschscholtzia	金英花
Flying fish	飞鱼
*Funaria	葫芦藓
Goose	大雁
*Gerardia	假毛地黄

Gilia	吉莉草
Ginseng	人参
Gold-dusted rock Fern	金色灰岩蕨
Grape	葡萄
Grass	草
Ground squirrel	地松鼠
*grostis scabra	硬毛草
*Gymnogramma triangularis	金色灰岩蕨
Heathwort	石南植物
Hemlock	铁杉
*Hermizonia virgate	虎尾草
Hemp	线麻
Heron	苍鹭
Hickory	胡桃木
Holly	冬青
Honeysuckle	金银花
Horse	马
*Hypnum	灰藓
Ilex	冬青
Jackass rabbit	长耳大野兔
Juniper	刺柏
Killdeer	北美鸻
Lark	云雀

Laurel	月桂
*Leptosiphon	纤管马先蒿
*Liatris	鹿舌草
Lichen	地衣
Lily	百合
Lime	菩提树
Live-oak	槲树
Liverwort	地钱
Long-eared hare	长耳大野兔
*Lycopodium	石松属
*Madotheca	细光萼苔
Magnolia	木兰
*Magnolia grandiflora	荷花玉兰
Mangrove	红树
Maple	枫
Meadowlark	草地鹨
Milkwort	蝉翼藤
Mistlotoe	槲寄生
Mockingbird	反舌鸟
Moss	苔藓
Muskrat	麝鼠
Oak	橡树
Opuntia	霸王树

Orange	柑橘
*Osmunda cinnamomea	假紫萁
*Osmunda claytoniana	绒假紫萁
*Osmunda regalis	欧紫萁
Owl	猫头鹰
Palmetto	扇叶棕榈
Palm	棕榈
Passion flower	西番莲
*Petalostermon	豆科植物
Pelican	鹈鹕
Pine	松
Pineapple	菠萝
*Pinus palustris	长叶松
*Plantago	车前草
Polygala	远志
Polygonum	蓼
*Polypodium hexagonopterum	水龙骨属
Pomegranate	石榴
*Potulaca	马齿苋
Quail	鹌鹑
Rattlesnake	响尾蛇
Robin	知更雀
Rough hair grass	硬毛草

Rush	灯芯草
sea island cotton	海岛棉
Sedge	芦苇
*Schrankia	含羞石南
Sheep	羊
Solidago	一枝黄花
Spanish bayonet	西班牙矛
Sparrow hawk	美洲隼
Spider	蜘蛛
Sunflower	向日葵
Tarweed	黏草
*Taxodium	落羽松
Thyme	百里香
*Tillandsia	长苔藓（松萝铁兰）
Tobacco	烟草
Violet	紫罗兰
Wolf	狼
Walnut	核桃
Whale	鲸
Water oak	黑栎树
Yucca	麟凤兰

附录二

约翰·缪尔的主要著作

（按出版年份排序）

《加利福尼亚的山》（1894，*The Mountains of California*）

《我们的国家公园》（1901，*Our National Parks*）

《我在塞拉的第一个夏天》（1911，*My First Summer in the Sierra*）

《约塞米特》（1912，*Yosemite*）

《我的童年和青年时代》（1913，*The Story of My Boyhood and Youth*）

《阿拉斯加旅行记》（1915，*Travels in Alaska*）

《千里走海湾》（1916，*A Thousand-Mile Walk to the Gulf*）

《陡峭的小道》（1918，*Steep Trails*）

图书在版编目(CIP)数据

千里走海湾/(美)约翰·缪尔著;侯文蕙译.—北京:
商务印书馆,2018
(自然文库)
ISBN 978-7-100-15432-1

I.①千… Ⅱ.①约…②侯… Ⅲ.①生态环境保护—
普及读物 Ⅳ.①X171.4-49

中国版本图书馆 CIP 数据核字(2018)第 251772 号

自然文库
千里走海湾
〔美〕约翰·缪尔 著
侯文蕙 译

商 务 印 书 馆 出 版
(北京王府井大街 36 号 邮政编码 100710)
商 务 印 书 馆 发 行
北 京 冠 中 印 刷 厂 印 刷
ISBN 978-7-100-15432-1

2018 年 10 月第 1 版 开本 787×960 1/16
2018 年 10 月北京第 1 次印刷 印张 9¼
定价:32.00 元